"十四五"普通高等教育本科部委级规划教材

U0747579

中国发型史 +

华梅　段宗秀　著

中国纺织出版社有限公司

内 容 提 要

本书以时间为序，从先秦发型讲起，到秦汉、三国两晋南北朝、隋唐五代、宋辽金元、明代、清代发型，再到近现代20世纪及21世纪发型，逻辑清晰、内容丰富。附录附有亚洲、美洲、非洲、大洋洲以及其他地区的发型图片，以便读者参考。700余幅国内国际高品质服装发型资料图片，令读者能够深入了解中国历史以及世界各地发型的美。延展阅读与相关视觉资料，符合现代人们碎片化阅读的习惯。

本书行文流畅、描绘生动、图文并茂，深入浅出地引用古代典籍资料，适合高等院校服饰文化、形象设计专业师生作为教材或美容美发专业人士作为参考书使用。

图书在版编目（CIP）数据

中国发型史 + / 华梅，段宗秀著. --北京：中国纺织出版社有限公司，2023.8

"十四五"普通高等教育本科部委级规划教材

ISBN 978-7-5229-0550-1

Ⅰ.①中… Ⅱ.①华… ②段… Ⅲ.①发型—设计—历史—中国—高等学校—教材 Ⅳ.①TS974.21-092

中国国家版本馆CIP数据核字（2023）第072767号

责任编辑：苗 苗 魏 萌 责任校对：寇晨晨
责任印制：王艳丽

中国纺织出版社有限公司出版发行
地址：北京市朝阳区百子湾东里 A407 号楼 邮政编码：100124
销售电话：010—67004422 传真：010—87155801
http://www.c-textilep.com
中国纺织出版社天猫旗舰店
官方微博 http://weibo.com/2119887771
北京通天印刷有限责任公司印刷 各地新华书店经销
2023 年 8 月第 1 版第 1 次印刷
开本：787 × 1092 1/16 印张：15.25
字数：248 千字 定价：69.80 元

　　头发是人体的一部分，应属于纯自然生态。但是，将头发整理成何种形态，便注入了人文的元素。因而，发型是文化产物，这一点毋庸置疑。

　　从地球上生存的不同人种来说，其头发生出来就不一样。例如，主要生存在非洲的尼格罗人种，其头发卷曲很密，长不了太长，黑颜色；而主要生存在亚洲的蒙古利亚人种，头发却是平直的，可以长到较长，黑颜色；主要居住在欧洲的欧罗巴人种，头发是能够长到一定长度的，而且本身呈现波浪状卷曲着，是微卷曲，大波浪，颜色从金黄一直过渡到棕色，也有深褐色或银白色的。据医学考证，卷曲头发的发根是倾斜地长在头上的，而平直头发的发根是垂直地长在头上的。况且，卷曲头发是扁的，因而自然卷曲，但平直头发是圆的，所以不会卷起来。不要觉得这是生理性的话题，这直接关乎着一个国家、一个民族由于人种特征而形成的传统发型，并因此形成了文化。

　　因为，头发质地和形状的不同，直接影响了发型的设计，而基于某一人种集中的民族或国家，自然会有形成某种发型的可能性。再加上这一民族或国家在文化发展的历史积淀下取得共识的意识形态，包括传说、信仰、习俗等，即在一定程度上形成或产生了大家心灵互通的发型样式，这在全球范围内可以找到许多典型事例。例如，东非马赛人，原生的头发短而卷曲，不适宜盘成高发髻，所以在马赛人传统习俗中有女性剃成光头，或是剪成平头。当然，还有的梳成许多小辫，在头皮上贴着或翘着。非洲男性也讲究梳小辫，如西非的多贡人就常将头发梳成80根辫子，这在我们如今的体育盛事中不乏见到。很明显，他们是顺应了发质的特征。

　　综合来看三大人种的发型特点，即可清楚地看到基于自然发质又结合文化从而形成的结果。例如，蒙古利亚人的头发平滑、垂直、较长且完全呈黑色，只有少数人略呈褐色，年老以后渐为白色。可以长得长一些的头发，也就有更大的造型空间，既可梳成辫子垂在背后，也可盘成各种形状的立体发型。中国古代汉族人尊崇儒家思想"身体发肤，受之父母，不敢毁伤"，但同为中华民族的契丹人和后金满族人，视剃去一部分头发，再将留着的头发编成辫子为正常。到了近现代，剪短发、烫卷发等样式层出不穷。由于黑而光滑的发型，本身即是一个雅致浓郁的背景，所以在头上戴花或插上金银珠宝首饰尽可呈现出来。

欧罗巴人的天生卷发非常适合披散下来，因为波浪般的卷发带有相当强的韵律感。卷发可以略束，也可以盘髻，只是由于黄白颜色属于中性色，如果插戴首饰不容易显示出强烈的装饰效应，因此欧罗巴女性喜欢戴各式帽子，在帽子上装饰花朵。以帽子为头上主要装饰的范例，应数英国女王伊丽莎白二世。她在出席正式场合时，往往变换帽子来补充发型，强调个性，并同时强调当日当时的氛围。

头发是有生命的，中国古代汉族人一生不剪发，只有死刑犯才会被散开发髻或割掉头发。《三国演义》中讲曹操率兵出战前下令，谁践踏损坏庄稼要被砍头，却未想曹操自己的马出门不久遇到一只飞鸟，闪挪之间踏坏了庄稼。曹操坚持要自杀以体现军令的严整，而各位将军认为大战未开先杀主公，太不吉利，于是"割发代首"。这时候的头发不但有生命，而且分量还是很重的。

发型甚或连着历史风云，这里牵扯一个严肃的时刻。中国明末清初，满族统治者要汉族男性都随满族男性那样，剃去额前头发，将余下的头发梳成一条长辫。但是，汉族是最忌将头发髡掉，因此开始了大规模的反抗。统治者坚决要汉随满俗，下令之坚决："留头不留发，留发不留头。"这等于说不剃去额前发，那就索性砍头，这一场清初围绕头发的抗争与镇压，以致血流成河。最有意味的是，当清王朝灭亡时，以孙中山为领袖建立的中华民国要求民众剪掉清代男性的典型发辫而剃成西式短发，这时候已适应了三百年的老老少少又坚决不剪辫，甚至嘲笑并鄙视剪去长辫的男人。

人们一般认为，看衣服或说整体服饰形象，能轻而易举地分辨出是哪个朝代哪个年龄段的人，其实发型也有一定的标识性，如未成年的童子头——髫发。中国神话中有"刘海戏金蟾"一说，那个永远长不大、永远保持童子形象的刘海，就披着头发。到20世纪上半叶时，女性讲究额前有剪得齐刷刷的发型，也被称为"刘海儿头"。童子头成为一种大家公认的未成年发型。"男子二十而冠，女子十五而笄"，就必须要盘起头发，用笄来固定了。

近现代至当代，发型已不再限于代表年龄及婚否，更多时候代表一个人追赶时尚的意识。因为时装在不停变化，发型和妆容也随之而变。发型能不能跟上时尚，让别人一看即可明了。从诸多文化形象来看，发型也是其构成中相当重要且不容忽视的一部分。

由于我们对中国发型的演变尚且不能作全面详尽的论述，因此更谈不上全世界发型的文化发展史了。从目前国内情况看，希望了解中国发型史的人很多，包括高校本科和高职的形象设计专业，也包括中职的美发美容专业，当然更包括在美发行业辛勤工作的千万专业人员。可是，事实上需求大，而下力量研究发型史的人却不多。我们希望撰写一部中国发型史的教材，但资料太少也太散了。单独某个头型的词条倒是有，将其串成一部专门史的书却鲜见。为了满足大家对发型史教材的需求，我们决定尽自己所能，撰写一部中国发型史，只能算是尝试，然后在中国发型史文图后附上其他国家民族的发型图片，以供参考。用"+"号表示其他国家的发型，也是为了适应当下人们的阅读辨识习惯。

路很长，也很生疏，可是迈出一步就会跟着有两步、三步。中国服装史已被人们写和读了三十余年，让我们再另辟一条专门发型史的蹊径吧！

华梅

2022 年 10 月 12 日

教学内容及课时安排

章/课时	课程性质/课时	节	课程内容
第一讲 （6课时）			· 先秦发型
		一	时代背景简述
		二	原始社会发型
		三	商与西周发型
		四	春秋战国发型
第二讲 （4课时）			· 秦汉发型
		一	时代背景简述
		二	秦代发型
		三	汉代发型
第三讲 （6课时）	基础理论 （62课时）		· 三国两晋南北朝发型
		一	时代背景简述
		二	三国时期发型
		三	晋代发型
		四	南北朝发型
第四讲 （6课时）			· 隋唐五代发型
		一	时代背景简述
		二	隋代发型
		三	唐代发型
		四	五代十国时期发型
第五讲 （6课时）			· 宋辽金元发型
		一	时代背景简述
		二	宋代发型
		三	辽·契丹族发型
		四	金·女真族发型
		五	元代发型

章/课时	课程性质/课时	节	课程内容
第六讲 （6课时）			· 明代发型
		一	时代背景简述
		二	后妃命妇规制发髻
		三	民间女子时尚发髻
		四	明末男子及儿童发型
第七讲 （6课时）			· 清代发型
		一	时代背景简述
		二	男子发型
		三	女子发型
		四	儿童发型
第八讲 （4课时）	基础理论 （62课时）		· 20世纪上半叶汉族发型
		一	时代背景简述
		二	男子发型
		三	女子及儿童发型
		四	趋于成人化的儿童发型
第九讲 （6课时）			· 20世纪上半叶少数民族发型
		一	时代背景简述
		二	北方地区少数民族发型
		三	西北地区少数民族发型
		四	西南地区少数民族发型
		五	中南等南方地区少数民族发型
第十讲 （6课时）			· 20世纪下半叶发型
		一	时代背景简述
		二	20世纪50年代传统风气犹存
		三	20世纪60年代、70年代工农风尚居首
		四	20世纪80年代、90年代世界潮流引领

续表

章/课时	课程性质/课时	节	课程内容
第十一讲 （6课时）	基础理论 （62课时）		·21世纪前20年发型
		一	时代背景简述
		二	发型时尚且个性
		三	美发业空前发展
		四	发型研究尚待时日

目

CONTENTS

录

第七讲　清代发型

第八讲　20世纪上半叶汉族发型

第
一
讲

先秦发型

课程名称	先秦发型
教学内容	时代背景简述 原始社会发型 商与西周发型 春秋战国发型
课程时数	6 课时
教学目的	本章介绍先秦时期的发型样式及礼仪规制，通过岩画、陶器、青铜器、典籍等总结研究，帮助学生了解先秦时期的文化特点，引导学生对先秦文化产生兴趣，从多维度、多角度培养学生研究发型历史文化的兴趣，从而提高学生的专业素养
教学方法	讲授法
教学要求	1. 使学生了解先秦时期的发型历史 2. 使学生熟悉先秦时期的发型特点及礼仪规制 3. 使学生理解先秦时期的发型分类及主要样式 4. 使学生掌握先秦时期的不同发型映射出的文化背景

第一节 │ 时代背景简述

　　中国考古界的专家们，从20世纪初就在田野考古工作中做出惊人贡献，致使关于中国历史的轨迹，越来越清晰地展现在当代人面前，同时为我们的民族自尊心、自信心都增添了力量。我们对教学、科研工作中的每一个学科进行探寻时，总会深切地感受到中国的悠久历史和中华民族的伟大。

　　据20世纪末的考古界考察报告研究显示，云南元谋县在400万年以前可能已有人类生存，如果真是这样的话，就将中国远古人类活动期限向前推进了200万年。也就是说，继云南元谋人之后，陕西蓝田人、北京周口店人、山西丁村人、广西柳江人、四川资阳人、北京山顶洞人及内蒙古河套人等创造了早期生产工具，史称旧石器时代。大约在1万年前，由于人们掌握了石器磨光、钻孔等工艺技术并进行了一系列工具改革，遂跨入新石器时代。种植、用火、定居、饲养、制陶、缝衣等的发明，更标志着历史进入一个新的阶段，遗留至今的有河姆渡、仰韶、龙山、齐家、青莲岗等多处灿烂文化的遗址。特别是辽宁西部地区相当于红山文化遗址发现的女神庙宇、冢群、村舍等大规模文化遗迹，又将中国4000年文明史向前推进了1000年。

　　值得重视的是，21世纪考古发现有了重大突破，如浙江良渚文化挖掘出的古城遗址，是距今5300—4300年前的新石器时代遗址，其规模之大可包括136个遗址，完整程度惊人。2018年，联合国教科文组织世界遗产中心，正式推荐良渚古城遗址进入世界遗产名单。2019年7月6日正式获批。考古界又一重大发现是在陕西石卯，这里有相当于龙山文化时期至夏代初年的完整瓮城、皇城大道、石砌院落、祭祀台、壁画、石雕人物头像，并发现大量玉器和4000多年前的纺织品。这些说明，在原始社会时期，中华古文明已相当发达并取得惊世的成就。

　　公元前21世纪，夏王朝建立，中国进入奴隶社会。后成汤灭夏，建立奴隶制更加完备的商王朝。公元前1046年商纣王被周武王推翻。周王朝初建时，都城设在丰镐（今陕西），史称西周。商周初，正是青铜文明的鼎盛时期。我们研究这一时期的发型或任何一种文化产物乃至科技手段，最可靠的资料来源均是青铜器。可是，21世纪又重新发现更多遗址和青铜人物像的三星堆文化遗址，颠覆了人们的这一认知。因为相当于商周时期的古蜀国文化，以一种与中原截然不同的风格屹立在世人面前。就在人们惊叹这种文化风格如此诡异的时候，我们庆幸的是，众多人物形象还为我们增添了这一时期发型的新形象，这份资料是十分难得的。古蜀国的文化形象无疑使原来主要为中原青铜文化的认识更为丰富、立体、全面了。

公元前770年，周平王继位，将国都迁到洛邑（今河南洛阳），史称东周。东周时期诸侯势力逐渐强大，结果形成大国争霸的动荡局面，前后经历300年，因为鲁国史书《春秋》记载了从公元前8世纪到前5世纪的历史，后人习惯称此段为"春秋"。长期兼并的历史，使国家具备了封建社会的基本条件，再经过瓜分、取代等残酷的斗争，约从公元前475年形成了秦、齐、楚、燕、韩、赵、魏七国称霸的形势，史称"战国"，直至公元前221年才由秦始皇统一了中国。

这一讲的内容囊括了秦以前，主要是因为太久远的发型历史性实物很难保存下来。原始社会与奴隶社会的发型到底是什么状貌，我们只能通过岩画、陶器和铜器等文物上的印迹去总结研究。这种情况和服装史近似，如先秦服装，是中国服装史的奠基阶段，一些中国服饰的基本形制都在这一期间逐步走向成熟，只是年代距今过于遥远。服装，尤其是织物质料又远不及陶、铜器那样久存不朽，因而相对来讲，早期的服装资料实在太少。关于这一阶段的服装史，我们只能在一定程度上借助于某些神话传说与器皿纹饰等来进行研究。即使这样，仍然感到它在原始社会和奴隶社会的历史依据不足，因此只能将先秦之前的服饰发展情况合为一讲。这种分章断节的方法，明显区别于其他美术史等，这是由服装史的独特性所决定的。与服装密不可分的发型，更是存在早期史料不足或不清晰的情况，因而只能将中国发型史的第一讲直接定为"先秦"。

无论怎样说，发型史的初起阶段都是重要的，堪称中国发型辉煌史的序幕。

第二节 ｜ 原始社会发型

原始社会部落先民的生活状态到底什么样，其实我们每一个人都很难准确描绘，甚至连想象也不知有多大可靠性。近现代有关这方面的著述开始出现并多起来，主要是依据了几点：一是田野考古，确实有当年的实物出土；二是为数不多的古代典籍，即古人留下的文字或视觉形象资料；三是所谓的"活化石"，也就是当人类社会已经进入文明或高度文明的时代，仍有一些较为偏远的地区离现代社会很远的部族生存，他们依然保持着刀耕火种的原始生活形态。应该感激20世纪起始的一些人类学家的探寻工作，是他们较早地深入这些部族，为我们留下了基本属于原始社会的生活实景。

原始社会的人们穿什么衣服，梳着什么发型？如今我们要想了解得清楚简直太难了。即便有较为早期的原始人遗骸保留至当代，如北京周口店山顶洞人遗址，也只能找到石质或骨质的项饰，衣服和头发的质地决定它们不可能保留万年之余。

我们说，头发是自然产物，是自然属性的人体上的一部分，是有生命的。但是，当把头发梳成发型时，就已经是社会产物了。可惜的是，从现存原始社会图像上很难清晰地看出当年的发型。从乐观的角度出发呢？还是能够找出星星点点比较模糊的原始人发型。这个时候，一个简略的大致显出形象的发型资料，也就弥足珍贵了。

一、岩画显现发型

岩画，意指在山崖上刻或画的形象，特别是其构成的画面，可以与国外"岩石艺术"相对应。岩画专家们认为，这些图像是人类自我表述的创造性形式，记录了人类生存活动的连续性篇章，是人类早期社会重要的文化遗产。至于岩画的形象资料来源于何时？应该说主要是史前时代制作的，如最著名的法国和西班牙的洞窟艺术即是旧石器时代后期的，北欧斯堪的纳维亚和俄罗斯极北美术也是中石器时代的，全世界五大洲的120多个国家都有岩画发现。中国岩画绝大部分都发现在边远少数民族地区，据考证多在古代少数民族聚居地区，因此无论究竟创作于哪一个时代，都可以说明是人类经济社会尚属原始阶段的作品。岩画专家陈兆复先生说："岩画对于探寻我们远古祖先的生活方式和精神世界，解释我们民族文化传统的根，都是极其宝贵的材料。"

我们希望从这里探寻的是中国古人发型的视觉资料，它肯定真实，遗憾的是不太具体。例如，黑龙江海林市岩画，在牡丹江从镜泊湖瀑布倾泻而下的柴河镇，江水顺山势回转，高耸陡峭的悬崖上有突兀的石峰。在这一处悬崖的上部，有用红颜料画在淡褐色花岗岩上的人物生活图像。上部右边似为两人坐在席上，中部左边有一人牵鹿，这是人形中较为清楚的（图1-1、图1-2）。从发型的剪影图来看，应该是束发，丝毫没有披散头发的轮廓显现。内蒙古乌兰察布岩刻中不乏人举弓搭箭的图像，也像是束发或短发（图1-3）。只有内蒙古阴山岩刻中才出现披发或后髻的样子（图1-4）。

内蒙古乌海市位于鄂尔多斯高原的最西部，其海勃湾桌子山岩刻是贺兰山北部余脉沙土掩埋的刻纹，300多个图形基本都是人面像。据专家考证，这些形象描绘的是神灵，或许这片山坡是原始人随着巫师祭神的地方吧。数百个形象有的看不出人的五官，非常抽象；有的像人面容，而且还有不同的表情。三个集中在一起的图形

图 1-1　黑龙江海林市牡丹江崖画局部 1

图 1-2　黑龙江海林市牡丹江崖画局部 2

图 1-3　内蒙古乌兰察布岩刻局部

图 1-4　内蒙古阴山岩刻局部

很像人面，但不知几乎将头围一圈的短直线是在表现什么，是散披的头发，还是像印第安人那样的羽毛头饰？因为其他头像也有类似的线条，不能排除这是对原始人披散头发的真实写照。有的书中将其称为"蓬头"，或是叫"蓬发"，总之是原始发型之一（图 1-5~图 1-8）。

　　宁夏贺兰山石嘴山市黑石峁岩刻有一幅"双人舞"的画面，两人并排，似为一男一女，有尾饰，那人物后脑高耸的剪影是表现束发成髻，还是束发而后戴头饰呢？我们姑且按束发来看，因为没有散发迹象（图 1-9）。贺兰山贺兰口的岩刻人面像更是五花八门。岩画专家认为有戴着双角头饰的，还有的戴着羽毛或树枝，再有便是挽着发髻。年代毕竟太久远了，谁也说不清人们的头上到底是装饰着什么，我甚至觉得当今的读者也可以按自己的想象去认定（图 1-10、图 1-11）。

图 1-5　内蒙古乌海市桌子山岩刻局部 1

图 1-6　内蒙古乌海市桌子山岩刻局部 2

图 1-7　内蒙古乌海市桌子山岩刻局部 3

图 1-8　台湾万山岩刻局部

图 1-9　宁夏贺兰山石嘴山市黑石峁岩刻局部

图 1-10　宁夏贺兰山贺兰口岩刻局部 1

新疆阿尔泰和库鲁克山岩刻等画面上出现的人物都呈现出束发的形象（图 1-12~图 1-14），西藏阿里地区日土县日土区鲁日朗卡和日土县日松乡任姆栋岩刻上的人物也是束发（图 1-15、图 1-16）。云南耿马岩画上有三个跑步的人，明显是束发形象（图 1-17）。但云南麻栗坡县大王崖岩画中出现了长发披肩的样式，这里有两个人物立像，身高约 3 米，头部约占全身的 2/5，脸部上圆下尖，长发披肩。专家考证这是原始宗教所崇拜的一对男女保护神。神的形象往往来自当时人的形象，或许是当年人的披肩发给了人们创作的灵感（图 1-18）。

在迄今发现的中国古代岩画中，显现发型最丰富且描绘最具体的当属广西左江宁明县花山岩画（图 1-19~图 1-24）。据考证，其创作时间大约在中国春秋战国至汉这一阶段。我们为什么将其作为原始社会时期的发型去进行梳理呢？原因有二，一是根据碳十四法、不平衡铀系法、电子自旋共振系方法测年为距今 2370 年至距今 2115 年间；二是与花山岩画近似的云南沧源岩画点附近，出土了许多新石器时代的遗物，即石器和陶片，而不是铜器和铁器。这说明，在中原地区已经进入春秋战国以后，边远地区还有相当长一段时间保持着原始部族的社会形态。我们有理由按照原始社会的概念去解释这些人类早期发型（图 1-25）。

图 1-11　宁夏贺兰山贺兰口岩刻局部 2

图 1-12　新疆阿尔泰岩刻局部

图 1-13　新疆库鲁克山岩刻局部

图 1-14　新疆和田地区皮山乡桑株镇岩画局部

图 1-16　西藏阿里地区日土县日松乡任姆栋岩刻局部

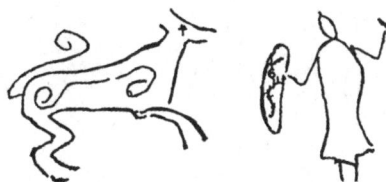

图 1-15　西藏阿里地区日土县鲁日朗卡岩刻局部

图 1-17　云南耿马岩画局部

图 1-18　云南麻栗坡县大王崖岩画局部

图 1-19　花山岩画局部 1

图 1-20　花山岩画局部 2

图 1-21　花山岩画局部 3

图 1-22　花山岩画局部 4

图 1-23　花山岩画局部 5

图 1-24　华梅教授（中）2017 年底与相关专家在花山
岩画区考察

图 1-25　花山岩画上头梳"倒八字"发型或头顶饰件的
形象

　　困难在于，岩画的描绘手法通常非常简略，因而不容易看出当时人们表现人物头部形象时，哪些是发型，哪些又是加于头发上的头饰。笔者从四十年研究服饰文化所查找到的视觉资料来看，不能将剪影式人物头上高耸或后翘的部分一律归为头饰，很多是束起的发型。因为，从保存至今原始部族的头上装饰来观察分析，有些是将头发与装饰品合为一体而出现的，究竟将其归为头饰还是发型呢？应该这样确认，不是置于发型之上独立为饰的不能称其为头饰，还是应该首先认定是发型，饰件是附在其上的，这样的装饰手法一直应用至现代。

　　广西壮族自治区的南宁市，有一座广西民族博物馆，建筑物造型是颇具广西文化标志的铜鼓形。在馆内展牌上，有研究人员整理绘制的花山岩画人物的头部形象，其中一幅图中的头部形象被称为"头饰或发饰",笔者则认为有些是明显的发型。按馆内展牌说明有"椎髻形、俗顶形、独角形、双角形、倒八字形、飘带形、规矩形、丫字形、人字形、三角形、四角形、刺羽形、面具形、芒圈形、托圈形、独辫形等",也认为"与越人椎髻、披发、插羽的习俗完全一致"。从展牌文字来看,也应该是包括了发型的(图1-26)。

另外一块展牌上有整理出的花山岩画侧身人物头部形象,很清楚地显示出发型,说明文字也写道有"长垂辫形、短垂辫形、羊角形、倒八字形、三角形等"(图1-27)。另外呈两手曲肘上举、双脚平蹲的人形身高在1~1.8米,最高的达3.58米。38个岩画遗产点中正身图像有1152个,足可使我们从中找出一些当年的发型。侧身人形基本是手脚向同一侧伸展,身高为0.3~1.9米,大部分为0.5~0.8米。38个岩画遗产点中,侧身图像共2163个(图1-28、图1-29)。

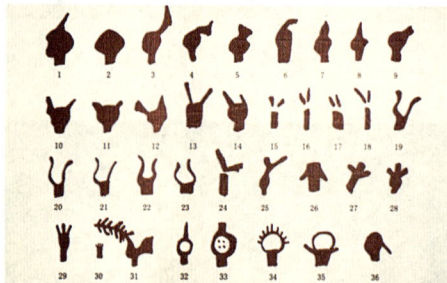

图1-26 广西民族博物馆展牌上的花山岩画人物发型

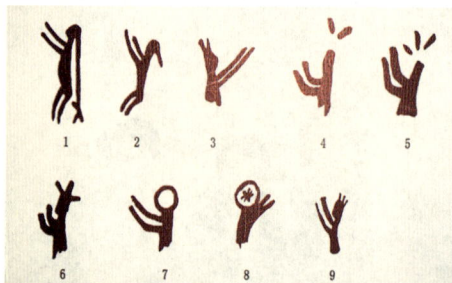

图1-27 广西民族博物馆展牌上的花山岩画侧身人物发型

图1-28 广西民族博物馆展牌上的花山岩画正身人形显示的发型

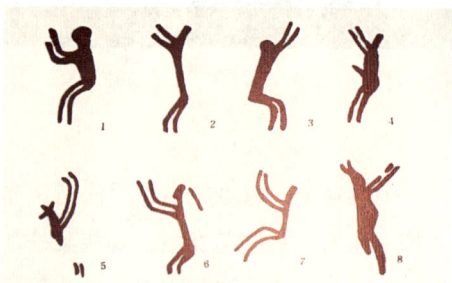

图1-29 广西民族博物馆展牌上的花山岩画侧身人形显示的发型

二、陶泥塑显现发型

陶器是4000年前的创作物,其中彩陶更具艺术性,6000年前出现,几乎遍布中原,即使在边远地区的也相当于距今5000年左右。陶器是新石器时代的典型产物。

所谓彩陶，即是在黄褐色的陶器上用黑、红颜料绘画，然后入窑烧制，因而留下了一些较为清晰的剪影式的发型形象，加之一些立体三维人物俑有显现发型的部分，因此更说明原始社会的人们已经重现发型的寓意，或是出现审美倾向了。

1973年，青海省大通县上孙家寨出土的彩陶盆内壁上半部，绘有三组舞蹈人形，各垂一发辫，摆向一致。从15个人物均有尾饰来看，头上应是束辫或垂下头饰，考古界普遍认为是垂辫。更早些年，在甘肃辛店出土的彩陶上，绘有散落的人像，其中有的短发，也有的发梢上翘，应该也是原始人的一种发型（图1-30）。

立体人物形象最突出的是甘肃省秦安大地湾出土的彩陶瓶，瓶口为一少女头像，发型显现非常明确，额前垂着一排修剪得很整齐的短发，完全是后世俗称的"刘海儿头"，其余头发则自然披散至颈。2007年，笔者站在甘肃省博物馆的单独展柜前观赏这件彩陶瓶时，特意绕着展柜转了一圈，总算得以全方位观看这位原始社会的少女形象了，当年就特意拍摄了她发型的几个面（图1-31~图1-33）。另外在甘肃省永昌县、青海省海东市乐都区等出土的陶器铺首和陶壶上，都有在面部绘有向下垂直墨线的形象，会不会是当年确实有过传说中的披发覆面呢？也不能排除这种可能。因为《后汉书·西羌传》中记载："羌人云爰剑初藏穴中，……既出，又与劓女遇于野，遂成夫妇。女耻其状，被发覆面，羌人因以为俗"。这就是说，早期原始人，曾有被

图1-30 青海省大通县上孙家寨出土陶盆上的编发垂辫形象

图1-31 甘肃秦安大地湾出土陶瓶显示的发型1

图1-32 甘肃秦安大地湾出土陶瓶显示的发型2

图1-33 甘肃天水柴家坪出土陶面显示的发型

割去鼻子的女子，不想让丈夫看到容貌，所以垂发遮住面部，从此形成垂发覆面的风俗。

当然，彩陶上表现的头部线形纹样也不只限于面部，1979年青海乐都柳湾出土的人头像彩陶壶，是用黑彩绘出头发、胡须甚至睫毛。两耳靠前，面部扁平，额顶有三条竖线肯定是头发，两耳后的线条横竖交叉，可以认为是垂下来的头发，也可以认为是盘起的发型。下眼睑下方各有三条竖线，被考古界认为是睫毛，我觉得也可以认定是文面。两颊和嘴唇上下均有斜竖线或垂直竖线，这到底是胡须还是文面呢？不可知。这里关注的是发型，这些线条已能说明有主动塑造的发型了（图1-34）。

1986年安徽省蚌埠市双墩村出土了一件陶塑人头像。像高只有6.3厘米，有刻画突出的双眉，鼻子很直，整体形象虽然说明不了发型的记录意义，但额头的圆圈状装饰和双颊的连续小孔，都使人像形态很完美，表情也很生动。我们今天看上去，似乎可以看出他或她的圆圆的头上有发型，他或她正是从远古走来的天真少年（图1-35）。相比之下，甘肃礼县高寺头村出土的陶塑人头表现的发型更为具体。尽管雕塑专家解释人像额头上盘的一条突起的线是装饰带，但笔者在研究发型史时，更看重这是一条盘在头顶的长辫，太形象了，毕竟年代太久远的人物艺术品，会给我们留下许多发型的想象空间（图1-36）。

在内蒙古自治区赤峰市红山，出土过一个由神庙、祭坛和积石冢群组成的大型原始宗教祭祀遗址，被考古界称为"红山文化"。神庙中有一座较为完整的泥塑女神像，其遗留下的头部有22.5厘米高，虽说是残留下来的部分，发型也不十分明确，但还是给今人留下了一件泥塑的形象，让我们似乎可以从整体上看到原始社会的发型基本样式，5000年前的样式（图1-37）！

前述青海出土彩陶盆上的人物发型能够被认定为编发，只是不知《史记·西南夷列传》载："皆编发，随畜迁徙，毋常处"，是否与此有关联？而秦安大地湾陶瓶

图 1-34　青海乐都出土陶壶上显示的发型

图 1-35　安徽省蚌埠市出土陶塑人头像

图 1-36 甘肃礼县出土的陶塑人头像

图 1-37 红山文化女神庙中神像的发型

上的少女头像应是有意修剪，剪后披下的通常被后人称为披发。在战国至汉代的著作中多处出现"披发"一词，古字写成"被发"，属通假字。例如，《周书》中写西域少数民族，就有"被发左衽"的说法。还有人将修剪过的发型称为断发，这些均可作为今人参考。彩陶一般为距今5000—6000年前的人工创作品，因而彩陶以及泥塑女神上所遗留下来的发型视觉形象，足可以作为可信的史前资料。

总体来看，原始社会岩画和陶泥塑上显现的人物发型主要为披发或编发。

三、文字描述头发及发型

中国的文字可以追溯到甲骨文，也可以追溯到早期岩画或陶器上的符号。早期文字描绘中的头发和发型又是怎样的呢？或者说较早期文字记录的神（以人为原型，基本为人形的神）又有着怎样的发型呢？

中国人都知道盘古开天地的神话传说。据说"天地混沌如鸡子"时，"盘古生其中，万八千岁；天地开辟，阳清为天，阴浊为地"。由天地精华孕育而成的盘古，又将自己身体的各个部位衍化为自然产物，只见他"左眼为日，右眼为月，四肢五体为四极五岳，血液为江河，筋脉为地理，肌肉为田土，发髭为星辰，皮毛为草木，齿骨为金石，精髓为珠玉，汗流为雨泽，身之诸虫，因风所感，化为黎甿"。这里所涉及的头发和胡须好像数量很大，不然怎么会变为星辰呢！后有类似记载，也有"毛发为草木"之说。很显然，这些文字描述中的头发还是有一种形象的联想的。这些不是早期文字，但至少是描绘早期神话中的神。

尧、舜、禹应该是传说中的帝王。具体说尧是传说中父系氏族社会后期部落联盟领袖，号陶唐氏，史称唐尧。文字记载尧的母亲"感赤龙，孕十四月而生尧于丹陵，翼之星精，身修十尺，面锐上丰下，眉八彩，参眸子，发长七尺二寸"。这位亦神亦人的尧，被描述为有很长的头发。依秦汉一尺相当于今日23.2厘米的计算长度来看，尧的头发有1.66米长。这倒也不算离奇，只是文字描述中未涉及发型，也许披散着长发更有原始部族首领的风范。

《山海经》是中国上古文化的珍品，虽说战国及汉代时才正式成书，但书中所记均是由禹铸九鼎所用神话形象而来，保留了中国人童年时期的记忆与幻想。《山海经·西次三经》中记："西王母，其状如人，豹尾、虎齿而善啸，蓬发戴胜……"蓬发应是散发，戴胜则是戴着头饰，具体说"胜"是菱形头饰，如双菱相套则称"双胜"，这样的头饰至宋代时还很普遍。古本《山海经》有图，只是已经亡佚。我们目前能够见到的附图仅有明清几种版本。其中有一些神话形象还保留着那种率真稚拙、野性十足的神态。今日看远古发型，可从人面马身神和"其状人身而身操两蛇，常游于江渊，出入有光"的于儿形象上看一看史前人类发型的可能形状（图1-38~图1-40）。

还有一些书中描述了神的穿着打扮，我们只能选其中较早期神的形象，权且作为人类原始社会时期的大致轮廓。例如，《后汉书·樊宏阴识列传》李贤注引《杂五行书》中说灶神"衣黄衣，被发"。"被"是"披"的通假字，即披着头发未束起。另外，《神异经·西北荒经》中记："西北荒有人焉，人面、朱发、蛇身、人手足，而食五谷禽兽，贪恶愚顽，名曰共工。"看来，"怒而触不周之山、天柱折，地维绝"的共工长着红色的头发。

在战国至汉的经典著作中，有一些涉及少数民族衣服发型的记述。当时的中原，封建社会文化已经发展到一定高度，以中原人的视觉去看周边少数民族，确实可以看作是对原始社会的描述，因为很多地区尚处在刀耕火种的早期社会形态中。《礼记·王制》曾有：东方曰"夷"，被发文身；南方曰"蛮"，雕题交趾；西方曰"戎"，被发衣皮；北方曰"狄"，衣羽毛穴居。《韩非子·说林》中也有关于"越人被发"的记载。

图1-38 《山海经》古蒋本绘人 面马身神显示的发型

图1-39 《山海经》古蒋本绘 于儿显示的发型

图1-40 《山海经》古之汪本绘 于儿显示的发型

毕竟，原始社会没有留下当时的著作，因此我们试图从仅存的早期文字中找出对发型的描述，只能借助于比我们距离原始社会更近的年代里的人撰写的文字，还有相对比我们早一些年代的人绘制的图像。

第三节 | 商与西周发型

中国历史上的夏、商、西周已经属于青铜时代。中国的纪年表能够正式显示朝代及其帝王的，即是夏朝，自禹开始。至商朝，第一位王为汤。西周是青铜时代的鼎盛期，同时是奴隶社会制度最为完备的时期。就这一时期的发型来看，商周由于青铜器和玉石人等遗留至今的较多，人物造型上有了清晰的发型显示，但夏代因为青铜器等被后世发现得少，基本没有可参考的发型资料。故而，这一历史阶段的发型重点放在商与西周。

值得注意的是，这时的发型已不是简单的头发修饰，而是在一定程度上显示出了身份和礼仪，因为西周已有明确的服装制度，所以哪一种身份的人在参加何种礼仪时需要怎样的发型，已经不是个人的事情了。社会在进步，发型也随着文明和文化程度的提升更加凸显出社会性。

一、俑人、玉佩显现发型

这一时期青铜器应用最多，有礼器也有日常用品，因此商周墓中出土的物品数青铜器最多。但是，当时陶器并未退出历史舞台，而且还有不少的玉器，这些应是新石器时代留存下来的装饰品和日用品。一般器皿或礼器上往往有人物装饰，同时也有单独的俑人，有人物形象就自然会有发型，这些都为我们今日的教学研究提供了一些切实可信的视觉资料。

在商代晚期的殷墟妇好墓中，出土了许多玉质俑人，由于玉雕往往是立体的，因而发型也就刻画得精致了，如其中一个玉质俑人就是将头发梳到头顶，然后梳成小辫，再垂至脑后。这种发型似乎在商末周初很是流行，在殷墟墓中出土的玉俑中即有多个表现为辫发，只不过有些梳成辫子后围着额前和脑后形成一圈辫子，有一个玉俑人头发汇总至顶，再梳辫垂后，结构非常清晰（图1–41）。还有些玉石俑，因为衣服比较华丽复杂，被今人认定为贵族，有些衣着简单的则被今人认定为奴仆。

无论今人与数千年前的人有多大差距，能让我们看清的是当年人们头上的辫子，这至关重要。

在殷墟妇好墓出土的石俑中，有的头上戴着帽箍。这种帽子露出头发较多，仍能看出头发是梳成辫子围着头顶盘成一圈。另一个石俑双手放在膝上，取踞坐状，头上也戴着帽箍，看得出，脑后垂着头发。例如，殷墟妇好墓出土的戴帽箍的男子石俑从背后看，就可以明确地看出是梳辫盘在头上的（图1-42）。

妇好墓中有一件精致的玉俑，头上戴着卷筒式冠巾，这件玉俑由于衣着纹饰华丽，一直被认定是一位贵族男子。仔细看，这位男子也是头上盘有长辫，看来商周男子的这种辫发是相当普遍的（图1-43）。

在商与西周的女式发型中，有一种发梢卷曲、状如多节爬行虫子的身体或尾部，这在故宫博物院收藏的商代玉佩上有明确显示（图1-44）。《诗经·小雅·都人士》中云："彼君子女，卷发如虿。""虿"音chài，古书写蝎子一类毒虫常用这个字，那么形象也就很清楚了。汉郑玄注释《诗经》中这一段时写道："虿，蝥虫也，尾末揵然，似妇人发末曲上卷然。"看来这种发型自商周出现，至汉代仍在流行，汉代人并无生疏之感。只是，蒙古利亚人头发本质不卷曲，这种效果是如何做出的呢？或许火烫法可追溯至商？还是物理方法卷曲，令其离开木棒后发梢依然上卷？

图1-41　河南殷墟商墓中出土的玉质
俑人发型

图1-43　戴卷筒式冠巾男俑背后也显
示头盘长辫

图1-42　殷墟妇好墓出土石俑背后显现
的发型

再如，1972年甘肃灵台白草坡西周墓葬出土一玉质俑人，头发梳理成辫，束于头顶，盘旋向上呈螺形，用笄固定住，应可称为早期的发髻。陕西宝鸡竹园沟西周墓葬出土的一件銎形铜钺。铜钺上有一圆雕人头像，额前头发似剪过呈平齐状，脑后梳有一辫下垂至后颈部，发辫编有八个辫结。另外，妇好墓出土的玉俑，头上梳角状发髻。在此之前，一些服装书中讲是头上插笄，即便是插笄，也说明是梳髻（图1-45、图1-46）。

商周时期的儿童发式，有一个普遍被认可的发型名为"总角"，又称"总髻"。考古界人士认为河南安阳殷墟妇好墓中出土的玉人好似总角。

总起来看，商与西周俑人、玉佩上显示的发型，可概括为辫发和初期的发髻。例如，陕西省长安县（今陕西省西安市长安区）张家坡村出土的西周玉质透雕龙凤人物佩上，即有清楚的头上螺形单髻，而且脑后结发。与之相连的一人为双螺髻，并有垂发。再有甘肃省灵台县白草坡1号墓出土的玉人梳高螺髻形象都说明周代时发型已经多样（图1-47、图1-48）。

图1-44 形似卷发的商玉佩人物发型

图1-45 妇好墓出土玉人头上的角状发髻（或笄饰）

图1-46 妇好墓出土的玉笄实物

图1-47 西周时期玉佩上的人物螺髻垂发形象

图1-48 西周时期玉人形铲显示螺髻

二、周代礼仪中发型规制

在中国典籍中，记载周代礼仪最早且最全面最权威的书，当推"三礼"，即《周礼》《仪礼》和《礼记》。当然，《礼记》所录应靠后。

《周礼》是儒家经典之一，也被称为《周官》或《周官经》，主要是搜集周王室官制和战国时代的各诸侯国制度，添附儒家政治思想，增减排比而成的汇编。有人认为是周公所作，但根据近代学者从周青铜器铭文所载的官制，参照《周礼》中所列的制度、学术思想，基本可定位为战国时代作品。《仪礼》也是儒家经典之一，简称《礼》，亦称《礼经》或《士礼》，主要为春秋战国时期一部分礼制的汇编。近人认为成书于战国初期或中期，因而我们从中选取有关商及周代礼仪中对发型规制的记述，还是有所依据的。

同时，被称为中国第一部诗歌总集的《诗经》，也记载了许多自西周初期至春秋中叶与礼仪形象密不可分的发型资料。《诗经》所反映的时代，正值公元前11—前6世纪，因此我们探寻商和西周的发型，必定少不了其书的内容，当年歌咏的仪式和日常生活中的人物装扮，为后代留下许多关于发型的真实记述。

1. 后妃、命妇之副笄六珈

《周礼》一书中，记有严格的服装制度，隶属于政治制度之内。其中有各种官职，如"司服"一职，"掌王之吉凶衣服，辨其名物与其用事"；还有"内司服"一职，"掌王后之六服……"；同时有缝人、染人、屦人，分别"掌王宫之缝线之事"及"掌染丝帛""掌王及后之服屦"等。关乎发型的官职有"追师"，明确说明其职责是"掌王后之首服。为副、编、次，追衡笄，为九嫔及外内命妇之首服，以待祭祀、宾客。丧纪，共笄绖，亦如之"。

这里所说的首服，不同于我们今日所认定的遮覆头部的帽子、围巾、头箍等，而是指头上的发型与装饰。《诗经》中有"君子偕老，副笄六珈"。

"副"，是取用他人之发与自己头发合编而成的发型，上面再插簪饰。这是后妃、命妇专在参加祭祀活动时所梳的发型，后人一致认为其特定名称始于商周，汉代刘熙在《释名·释首饰》中写道："王后首饰曰副。副，覆也，以覆首。亦言副贰也，兼用众物成其饰也。"

"编"，是后妃、命妇参加亲蚕仪式时所梳的一种发髻，也多取用他人之发，以使其体量增大，从而加强仪式感。从礼仪需要的级别来看，"编"比"副"要低一等。

"次"，应是后妃、命妇礼见君王时所需梳成的一种发型，类同于上述两种，只是就礼仪重要性而言，又平和一些了。

有一种说法是，"副"上有首饰，"编"上无首饰。按周代服装制度规定，王后有六服，如穿袆衣、揄狄、阙狄时，需用"副"为发型、头饰；如穿鞠衣、展衣时，用"编"为发型；穿褖衣时，则用"次"与之相配。至于《周礼》中所记的"追、衡、笄"等，即是发型上所插用的饰品了。

有关"副笄六珈"的文字记载相对较多，可是副笄六珈到底什么样儿却没有准确的形象原始资料。目前，我们只能从一些有可能是副笄六珈效果的，或者说接近其真实形象的后期画面资料中去推测。例如，河南密县（今新密市）打虎亭汉墓和山东沂南汉墓画像石上，即有故事情节中人物，虽然画像石表现具体发型头饰时不易十分清晰，但是我们依然可以借助其可能性用于今日参考（图1-49、图1-50）。

图 1-49 疑为副笄六珈的发型形象（河南新密打虎亭汉墓壁画）

图 1-50 疑为副笄六珈的发型形象（山东沂南汉墓画像石）

2. 男女均梳髻

《仪礼》中特有"士冠礼"篇，是中国自商周起关于成年礼的仪式规定。全套仪式相当讲究，每一位参加者，包括主人、来宾和仪式主角在每一阶段要站在什么方位、如何坐、如何准备衣服和头饰等都有严格的规定。这是汉族人的成年礼，一般男为20岁，女为15岁，也有的是女为20岁。古人常将20岁的年轻男性称为"弱冠之年"，即因男孩儿长到20岁时，就不能再梳儿童发式了，而要把头发梳起来，以使其形成一个发髻，然后插进簪子以固定，再戴上帽子，这就成年了，就可以谈婚论嫁了。中国各少数民族关于成年的年龄界定不尽相同，但一致的是都从成年礼这一时刻起，孩子进入成年，有义务为本部族去参加战斗，也有资格参加本部族的议事活动，最重要的是可以考虑婚配了。

"士"有多讲，商周时"士"是统治阶层的最低等级，天子最高，下为诸侯、大夫、士。春秋末年以后，士主要指知识分子，即有学问的中等阶层男性。由此来看"士冠礼"，也就是非皇家、非高官，同时不是重体力劳动者家庭中所遵循的仪礼了。

当年规定里有关发型的记述，对"士冠礼"是这样描述的："将冠者采衣，紒，在房中，南面。"就是说马上要戴冠的人穿彩色衣服，头发挽起来成髻。汉郑玄注："紒，结发，古文紒为结。"汉王逸也注："结，头髻也。"这之后，主角"乃易服，服玄冠、玄端、爵韠，奠挚见于君"，即穿上成年男性的服装了。女子成年礼不如男子隆重，但在《仪礼》中也记有："女子许嫁，笄而礼之，称字。""笄"，是固定发髻的头饰，从某种意义上说是制作这种发型的工具，尽管笄的质地多为金、玉，可是穷苦人也有以荆条做成的。总之是女性成年发型，与男子一样要梳成发髻。

如果是已过成年礼尚处待嫁期间的女子，则可以在日常家居时暂时松开发髻，即于头顶正中分开头发，分别束起来，下垂于两侧。唐孔颖达在为《礼记》有关文字注疏时曾写："燕则鬈首者，谓既笄之后，寻常在家燕居，则去其笄而鬈首，谓分发为鬈紒也。"根据古典记载，今人认为这种发型是周代待嫁少女常用的发型。

3. 服丧之括发

在《仪礼》书中，不仅有"士冠礼""士昏（婚）礼"，总数为17篇的内容中涵盖了"士相见礼""乡射礼"等各方面。例如，有"丧服"和"士丧礼"，专门记述商周以来的服丧礼节仪式。

"士丧礼"中记述丧礼"主人鬠发，袒，众主人免于房"，其中"鬠"，音kuò，同"括"，意挽束头发。这里是指服丧之人要用麻来束发，麻丝、麻绳、麻布条均可，以区别于吉时或平日用锦带束，因而丧服束发也被称为"括发"。再一点是，"士丧礼"中还有一词为"鬠笄用桑"。而且"鬠用组，乃笄"中的"组"还是带子或系扎的意思，"笄用桑"看来是摒弃奢华，以俭朴的桑条麻丝为之。《仪礼》"既夕礼"中记有："其母之丧，则内御者浴，鬠无笄。"汉郑玄注："鬠发者，去笄纚而紒（鬠）也。"即为去首饰，只简单地挽成团，然后用麻丝系扎。

专门以麻绳来束发的，确切为括发，主要用于服父之丧。汉郑玄在为《仪礼》"丧服"篇作注时说："犹男子之括发。斩衰，括发以麻……以麻者，自项而前，交于额上，却绕紒……"关于"括发"的后代注疏有多种，有些说服父丧用括发，服母丧可以用布来系束，总之是散乱的、简朴的，不要特别光鲜的样子。

妇女服丧期间有一种专用的发型，这也在《仪礼》中有文字记载，即以麻丝和头发拢为一体，挽至头顶，编为平常发髻形，再以麻布条缠绕系扎。应该说商周以后一直延续着，只是在有些地方男女均可这样束，以致不再限于女性专用了。

4. 童发总角

未成年的儿童发型，从典籍记载来看，应是从商周形成一定模式，而后又稍作改动的。将汉族儿童发型的文字和画面资料加以归纳整理，会发现商周之后变化并不大，只是各少数民族儿童有本民族的习惯梳法，形式各异。需要注意的是，当某少数民族成为中国统一王朝的统治者时，其儿童惯用发型就会对全中国造成影响。

用于儿童发型名称的古字，有许多生僻字，在如今的电子版中反映实在有些困难。我们权且可以略去一些生僻字，以早年记载中较为现代人所熟悉的字词来概括，如"总角"，从字面看并不陌生，它实际上也代表了商周以来儿童发型名称的通用称呼。

婴儿出生后满三个月，要行剃发之礼。当年仪式的隆重程度应会强于我们今日给孩童所过的"百岁儿"。届时将婴儿头部周围一圈的头发剃掉，仅留头顶前部的头发，这要保持好几年，直至梳成总角时。

"总角"是典型的中国童子发型，一般将头发集中到头顶，编为左右各一小髻，形似双角，成年礼前儿童大多梳成这一类的发型。从《诗经》《礼记》乃至宋代的《太平广记》等古籍中，都可看到相关记载，分得更详细的谓之"男角女羁"，形式大同小异（图1-51）。

按民间习俗，女婴出生后满三月行剪发之礼时，要剪除环发，仅留头顶头发，据说形成一纵一横之式以区别于男婴，被称作"羁"。《礼记》中已有明确记载，唐孔颖达疏："一从一横曰午，今女剪发留其顶上，纵横各一相交通达，故云午达。不如两角相对，但纵横各一在顶上，故曰羁。"宋代宋咸也曾为汉代扬雄《法言·五百》作注："羁角，犹总角也。男角，女羁，谓幼子也。"

另外，"垂髫"也是未成年孩童的发型，一般为自然下垂，即未梳拢起来，未插笄固定。晋陶渊明《桃花源记》中写有："黄发垂髫，并怡然自乐。"唐李白也有"妾发初覆额，折花门前剧。郎骑竹马来，绕床弄青梅。同居长干里，两小无嫌猜"，说的都是童发。民间传说中"刘海儿戏金蟾"的刘海儿，就是成年人留着童子头。以至近代时，成年女性额前有剪得很齐的一排垂发，也叫"刘海儿"，都是垂下来的样子。

总之，周代礼仪中所规定的发型，奠定了中国特有的发型模式。自商周以后，数千年中男女老幼发型

图1-51 河南安阳文化馆藏商代玉人头上的总角形象

屡变，但是变化不大，只有不同民族间有所强迫时才会出现大范围的改观，如清代男子髡发。再有便是近现代以来的西式发型的影响了。

三、假发起始

对"假发"最简单的定义，即是覆在自己头上的别人的头发、马鬃、丝线或化学纤维所制成的成型或不成型的头发。本人可以有自己的头发，也可以全剃光。假发可以与自己头发混编，也可以单独成型置于头顶或真发之上。

说起"假发"，有一个家喻户晓的古代故事。《左传·哀公十七年》中写："（卫庄）公自城上，见己氏之妻发美，使髡之，以为吕姜髢。"也就是说，卫庄公在城上看到有妇女头发的发质很好，于是让人将其头发剃下以给他自己夫人做成假发，这是违反周代制度的，因为法定只能剪去死刑犯人的头发。多少年来，学术界议论起这件事来都认为是统治者专横残酷。在中国《孝经》中明文记载："身体发肤，受之父母，不敢毁伤。"这在中国汉族人的理念中根深蒂固，因此除了死刑犯之外，所有人的头发都不许别人乱动，如若被人剃去头发等于受了最大的侮辱。正因如此，才酿成清代建国初期强令汉族男性髡发而引起的反抗，以致血流成河的惨剧。

我们可以从中看到的是，中国汉族男女一生蓄发，认为尊重头发是对父母祖上的孝敬。可是对于头发较少或发质较差的人，也可以用死刑犯的头发来补充或覆盖自己的头发，这至迟在春秋前是被认定为习俗的。另据《诗经·鄘风·君子偕老》中写："鬒发如云，不屑髢也。""髢"是假发，这里说头发像云一样层层叠叠，很浓密的样子，根本不屑于佩戴假发。因此，也可以认为戴假发的习俗从商周即有。

典籍中关乎发型的专用字有多个，如今读写起来都有些困难，好在教材不需要太深奥的探索研究，在本书中也就免去一些古文中的有关字词了。值得注意的是，《仪礼·少牢馈食礼》中记载："主妇被锡，衣移袂。""被锡"也是说假发，说明礼节仪式中自商周即有假发。另外，上一部分中所引《周礼·天官·追师》中的"掌王后之首服。为副、编、次、追衡笄"等，也提及假发的使用。在现实生活中，只有补充一些头发，才有可能使发型高起来，也才可能显得雍容华贵，因为发型体积较大更便于插戴首饰。通过金光闪耀且五彩缤纷的首饰，也才真正能够显示地位、财富，故而假发是人类发型史上不可或缺的，这在中西方都不鲜见。

可以说，假发是人类文明高度发展的产物，是人在自身条件之外又通过巧思或掠夺而有意设置的艺术创作。假发虽然形体不大，但代表着人的一种有意识增益手段或装饰创意。商周以后，假发不断被强化，一直传至21世纪。

第四节 │ 春秋战国发型

春秋战国时期，由于文字已经成熟，文字所记述的史实增多，哲人所发表的言论活跃，这些都给后世留下一些难得的发型文字资料。另外，帛画出现在墓葬中，随葬明器中的陶或铜质俑人较普遍，因而文字和图像及立体造型从不同方位以不同方式记录了发型在这一段时间中的样貌。

一、帛画显现发型

众所周知，在湖南长沙陈家大山楚墓出土了一幅中国现存帛画中年代最早的作品，上绘一侧身妇女，双手合掌作祈祷状（图1-52）。图中所绘的妇女，从深衣等多处形象均被认定为是墓主人，她的发型可以侧面形象确定是头后梳着向后伸出的发髻。

帛画显现的是平面效果，但由于属正侧面，发型为髻是没有问题的。关键在于名称，有的书上说是椎髻，这是汉代妇女多梳的一种发型。还有的书上说是银锭髻，这或许源于造型。尚有一种说法是"马鞍翘"，亦因远观效果而来。还有一种说法，即银锭髻即马鞍翘，是战国妇女发型。

所谓"椎髻"，名称来源也是由造型引起。椎是一种木制的锤子，有木柄，属捶击工具。战国时期居住在西南地区的妇女开始出现这种发型，其名称正与这一带妇女洗衣捣米用的木制工具有关。

长沙子弹库楚墓出土的帛画上，有一男子驭龙前行，仪态优雅，宛如战国时的高官，文学界曾有评论称其为楚国大夫屈原，并誉其气宇轩昂等。历来分析该男性的服饰形象时，一般都说其着

图 1-52　楚墓帛画上的椎髻形象

深衣或大袖袍服，而且头戴峨峨高冠，冠带系于颌下（图1-53）。从这幅图的侧身人像上，看不清发型具体为什么样式，但从仅有的简约剪影式图像来看，应是梳着发髻，即明显是向上后方梳拢，然后总束起来的样式。

帛画显现发型，主要是侧面形象，可以算作一种可靠的形象资料。

图 1-53　楚墓帛画上的男性发髻式样

二、俑人、玉佩等显现发型

俑人主要是人们为逝去的人准备好的侍奉者，以替代真人殉葬，一般有木质、陶质、铜质等，分别为侍女、乐舞伎、武者，偶尔也有文官，这要根据墓主人的身份和当时的权力、财力而定。可以认为，俑人是下葬时候代替当时社会生活中的人去另一个世界侍奉墓主人的，因而其发型有着其所处年代的真实性。

辫发在春秋战国时期成熟，体现在洛阳金村战国墓出土的铜俑上（图1-54、图1-55）。该俑似乎是身着胡服的女子，因为中长裙和高勒靴与西北游牧民族服饰风格相同。由于铜俑是立体的，因而两条长辫垂至前胸非常明显。有人认定，四川成都百花潭出土的"采桑宴乐水陆攻战纹铜壶"（图1-56）上表现的采桑女也是长辫，就笔者看来，有的似长辫，但有的似发髻。毕竟只是极简略的纹饰，我们只能从前面翘起的辫梢，或是向后上翘又垂下的辫梢来猜测，谁能断定是辫不是髻呢？也有人说，有的向后下方垂的似为辫梢处还有一点呈现交叉状，可能是以假发蓄长辫子。

辫发还体现在云南晋宁石寨山出土的铜贮贝器上。石寨山遗址按年代应属于西汉，所出土的铜贮贝器上有许多人物，其中有怀抱或肩背物品的，好似是排队去祭祀或去交租供奉，总之表现的是奴隶社会的生活场景（图1-57、图1-58）。因为滇人在中国西汉时期，尚属生活生产方式较为落后的部族，因此我们分析其发型，应该将其归为汉之前的春秋战国。

这一时期的辫发可以用三股相编，也可以先将头发梳至脑后，从后中缝分开，扭结成两条长及腰间的辫子。从其铜人的面部形象，分不清是男是女，有三个这样梳辫的俑人，可认定是一种辫发，并流行于边远地区，不分性别。还有一种辫发形式是分段系扎，如洛阳金村战国韩墓中玉雕舞女饰。总起来看，春秋战国时期的辫

图 1-54 洛阳金村战国
墓出土铜俑上显示的编辫

图 1-56 战国铜壶纹饰中采桑女显示的发型

图 1-55 洛阳金村战国
墓铜俑后背显示的发型

图 1-57 石寨山铜器上俑人编辫

图 1-58 石寨山出
土铜斧上的辫发痕迹

图 1-59 披发
并系扎的发型

发，比早先确实增加了不少长度。这一方面说明或许利用假发，可掌握其长度；另一方面，也说明人在修饰自己形象时审美意识有所增加。从根本上看，应是生产力提高了，生活环境也有所改善，并间接反映在发型上了。

披发形式已与前不同，变化之一是披在脑后，以一绳系扎，再任其在背后垂下，形似我们近现代的"马尾巴式"。最清楚的形象是云南江川李家山出土的青铜杖饰上的人物。该墓所属年代仍是西汉，其滇人发型也与前述辫发一样可归为春秋战国时期（图1-59）。披发变化之二是很多都经过整理，如刻意剪短，即原始社会至商周的断发。

《左传·哀公十一年》记有"吴发短"，是指春秋时期吴人习尚短发，这或许与吴地气温较高，湿度又相对较大有关。总之，披发已不是人类童年时期的粗糙形式了。

短发与发髻结合，这与甘肃秦安大地湾遗址出土的原始社会的彩陶人瓶壶形象相似，也就是说，前为"刘海儿"，后面垂下或盘成发髻的发型，古已有之，我们只不过是在近代画报上见得多而已。在江苏丹徒北山顶吴王余昧墓出土的铜杖镦和鼓环上，铸有多个人物形象，额部和鬓部均呈剪得整齐的一排短发，而其余头发再梳至脑后盘成髻，看来这是中国南方人在很长一段历史时期中的普遍发型。

发髻是春秋战国时期为人们普遍采用的发型。在山东章丘女郎山战国齐墓中，出土了26件乐舞陶俑，其中20件女俑都梳着偏左的发髻，均为将头发总束至头顶盘结再用笄来固定。这种方式当代人也很熟悉，因为汉唐后叫作"簪"的头饰就是先秦时期的"笄"，而用簪子固定发髻的做法一直延续至今。

髻分几种，一种是盘在头顶，这在许多视觉资料中均可看到，如湖南长沙楚墓出土漆奁上的舞女，几乎都梳着发髻（图1-60）。河南三门峡上村岭第5号战国墓出土了一件漆绘人形灯座，人为踞坐，双手持灯。人物的头顶梳有一个偏髻，并有发笄固定（图1-61）。河北平山县中山王墓出土一个银首铜人持灯座，也是将头发都梳至头顶，挽成扁平状发髻。由于是银质人首，所以工艺精湛，发丝都交代得一丝不苟，使我们得以看到头发走向（图1-62）。在浙江绍兴坡塘306号战国墓出土一个铜屋明器，铜屋内踞坐着六个人，两个女性将发髻挽于头顶，四个男性却将发髻梳于脑后。这说明发髻盘结后落在何处，不拘于一种（图1-63）。

髻还可垂于脑后，相关著作将其称为"后垂双鬟髻"。这在战国时期曾流行，延续至汉，可认定是发髻和辫发甚至披发的结合形式。湖南长沙楚墓曾出土彩绘木俑，木女俑是在将头发拢在后脑时，将头发结为一对环髻，其余头发再自然垂下。这就不完全是辫发，也不完全是发髻的一种发型了，应该说与战国至汉的椎髻有许多相似之处。

蝎尾鬟发是对一种发梢略为卷起的发型的称谓。如果溯其渊源，显然与《诗经》中出现的"卷发如虿"有关，这在商与西周的文图中已经叙述。洛阳金村出土的玉佩上，是两个穿舞衣的女子，她们正在扬起长袖起舞，发型显然是两鬟下垂部分卷起，成蝎尾状，而后面头发则是前述的分段辫发（图1-64）。这一时期的发型确实多样了，从当年俑人和玉佩饰上可充分体现出来。

图 1-60　战国漆奁上的发髻形象

图 1-61 战国跪坐人铜灯显示的人物发型

图 1-62 战国铜灯上显示的人物发型

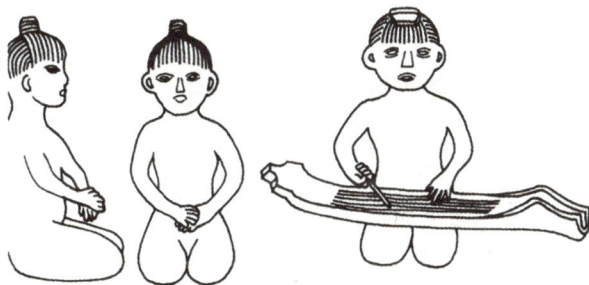

图 1-63 战国铜质伎乐俑发髻

图 1-64 玉佩饰上显示的发型

三、墓主人真实发型

  早在春秋战国之前，大约为原始社会晚期墓葬中，多次多处发现骨笄，从位于遗骸头部的位置来看，显然是固定发髻的。只是，由于年代久远，墓主人头发已荡然无存。我们今天在甘肃永昌鸳鸯池新石器时代墓地第 58 号墓中，即发现墓主人头顶位置有一支骨笄，笄柄靠后，笄尖在前，或许当时是斜插在发髻上的。在山西襄汾陶寺遗址第 249 号墓人骨头部，也发现一支骨笄。江苏常州圩墩村新石器时代遗址第 11 号墓，竟然在人骨头部位置，发现有 5 支骨笄，出土时紧贴头骨一侧。

以上几个例子，可以充分证明古人早已梳髻，而且早已用笄来固定。笄主要是一根直棍儿状，一端有顶，一端是尖状。尖状端显然是为了插入发髻，而形成顶部的一端是为了固定时可从一端挡住，从而起到稳定作用。早期一般都用兽骨做成，后来有玉、木、铜质，再以后为金、银，顶部则自然成为装饰，造型也随之丰富了。

最为可贵的是，1983年河南光山发现一座春秋早期的黄君孟夫妇墓，黄夫人骨骼保存完好，年龄约44岁，出土时竟然发现在她头顶处有一个用真头发梳成的发髻。根据考古人员解开发髻观看，其发髻是先将长发分成多股，每股发梢部分用丝绳系扎，再分成左右两绺，将左绺头发挽成竖起的髻，将右绺头发盘绕于左绺竖髻下部，最后将头发梢藏于髻内，然后以两支木笄固定（图1-65~图1-67）。

图1-65 发髻实物摹拟正面　　图1-66 发髻实物摹拟侧面　　图1-67 发髻实物摹拟背面

这个发髻实物无疑是真实的、立体的，可供后人拆开研究。从这个角度来看，其他艺术创作性质的发型视觉资料，无论是平面的，还是立体的，都只能是对此的补充。真实发髻保留下来实属不易，尤其是春秋时期的实物，因而为数不会很多。好在有笄的实物在多处出土，从侧面反映出春秋战国时期的发髻存在情况。发现发笄实物的墓葬，遍布河南安阳、汤阴、南召、临汝、新密、偃师、商丘等地，周边河北省、山西省、陕西省、山东省及江苏省的一些地区也有发现，这些可以说明春秋战国时期的中原地区民众普遍梳髻，而且除骨笄、木笄外，也开始出现玉笄和象牙笄了。

四、文字描述发型

春秋战国时期的文字著述越来越多，其中描述发型的段落也就给后人留下了珍贵的资料，如说到发髻时，战国宋玉《招魂》中写道："激楚之结，独秀先些。"汉王逸注："结，头髻也。"当年与后代的注疏很多。《招魂》中还写："盛鬋不同制，实满宫些。"汉王逸注："髻，鬓也。制，法也。"宋人补注："盛饰理鬓，其制不同。"这种将两鬓修剪整理成条状或钩形的发型，会不会就是上述玉佩对舞女的梳理效果呢？

我们分析古代文物时，常会出现这样的情况，根据碳十四的测定，文物确属商周，但当年器物上的文字，如青铜器上金文或晚一些年代竹简上的记载，被发现有一些记述似乎是在注明这件文物的造型或纹饰，可是到底准确与否，其实也很难说。发型上也存在这个问题，即文字记述是否就是这种发型，实际上只有一半的可能性。我们只能梳理当前拥有的资料，从中择取，选出最有根据的图与文来说明，至于后世再会有何解释和理解，那就有各种可能了。

《庄子·人间世》中写道："支离疏者，颐隐于脐，肩高于顶，会撮指天。"司马彪注："会撮，髻也。古者髻在顶中，脊曲头低，故髻指天。"到了金元时期，元好问《送弋唐佐还平阳》诗中还写："会最上指冠巍峨，岂肯俯首春官科。"如今戏剧中表现古代人物时，也常见将头发总在头顶系起，然后再盘髻戴帽的形象。

春秋战国时期的儿童发型与成人服丧期间的发型礼仪，基本同于西周，有相当一部分延至两汉，这里不再赘述。

延展阅读

古诗词中的发型描绘

1. 总角之宴，言笑晏晏。

这句出自《诗经·卫风·氓》。唐孔颖达疏："男子总角未冠，则妇人总角未笄也。……以无笄，直结其发聚之为两角。"古时候，儿童头发稍长些，发量也渐多时，大人会将其头发集束于顶，然后左右分两股，编结成两个小髻。有的形状像牛角，所以得名为总角。

这句诗是妻子在埋怨，说我俩小时候在一起玩时多快乐，谈谈笑笑多融洽。却未想当年"信誓旦旦"，如今却"不思其反"，意为对我变了样。"总角"泛指未成年。

2. 婉兮娈兮，总角丱兮。未几见兮，突而弁兮！

《诗经·齐风·甫田》中写的是：思念远方的人啊，那时你还这么小，伶俐呀，娇小呀，头上梳着总角。唐孔颖达疏："聚两髦言总，聚其髦以为两角也。""丱"字，是典型的象形文字，即将头发总束头顶再分别扎成两个小髻。其他未扎上的头发可称"髦"，也可称"髦"。"拂髦""总角"也出现在《礼记·内则》中。这里的后一句说多时没见啊，突然都戴上弁冠了，也就是成年了。《诗经》里有许多描绘儿童发型的句子。

3. 被文服纤，丽而不奇些。长发曼鬋，艳陆离些。

这是楚辞《招魂》里的句子，据说是宋玉所作。写舞乐女子身穿绣花的罗衣，美观大方。梳着长长的发髻（辫），将鬋修得十分俏丽。鬋，即鬓。古人讲究修饰鬓发。在《招魂》中还有一段描述，也是写"盛鬋不同制，实满宫些。容态好比，顺弥代些"。注疏也释为"盛饰理鬓，其制不同"。看来，鬓发之美是因为它环衬面容，不可小觑。

4. 夕归次于穷石兮，朝濯发乎洧盘。

这是楚辞《离骚》中的句子，学术界通认是屈原所作。说伏羲氏之女宓妃，因溺洛水而死，遂为洛水之神。她晚上去穷石住宿，穷石是个山名，即后羿之国。洧盘是水名，即宓妃早上醒来要去洧盘洗头发。这里虽然说的不是发型，却是关于头发打理的场景。楚辞《远游》中也有"朝濯发于汤谷兮"的描述，有人认为早上起来到溪水中去洗发，是楚地古民的习惯。

课后练习题

1.早期发型有哪些主要形式？

2.假发何时开始？因何而出现？

3.中国先秦发型主要有几类？各是什么？

第二讲

——

秦汉发型

课程名称	秦汉发型
教学内容	时代背景简述
	秦代发型
	汉代发型
课程时数	4 课时
教学目的	本章介绍了秦汉时期的发型样式，通过留存至今的视觉形象资料及文字记载，帮助学生了解秦汉时期的发髻名称及具体样式，让学生理解发型形制与当时政治制度、社会生产力及民众意愿的密切关系。使学生充分认识到丝绸之路给后世带来的深远影响，以历史为背景分析不同人群的发型形制，培养学生以史为鉴、开创未来的新时代文化意识
教学方法	讲授法
教学要求	1. 使学生了解秦汉时期的发型历史
	2. 使学生熟悉秦始皇陵俑人的发型形制
	3. 使学生掌握汉代女性的发髻种类
	4. 使学生领会时代背景对发型形制的深层次影响

第一节 | 时代背景简述

公元前221年，秦灭六国，建立起中国历史上第一个统一的多民族封建王朝，顺应了"四海之内若一家"的民心所向稳定的政治趋势。统一，有利于社会安定和经济文化的发展。虽说秦王朝统治时间不长，二世即亡，但从中华民族的文化发展史上来看，这一统一的君主国形式非同寻常，它从根本上总结、集中、确定了中国社会的秩序。我们在本书中所叙述的发型，是与政治制度、生产力发展及民众意愿紧密相连的。

公元前202年，刘邦建立汉王朝，定都长安，史称西汉。面对汉初经济凋敝的状态，汉朝廷实行休养生息的政策，注重恢复和发展生产。汉武帝时，西汉达到强盛顶点，随后便走向衰落。在推翻篡权者王莽之后，刘秀重建汉政权，定都洛阳，史称东汉。东汉亡于公元220年，自秦统一至此共有四百余年。

其间，秦始皇凭借"六王毕，四海一"的宏大气势，推行"书同文，车同轨，兼收六国车旗服御"等一系列积极措施，建立起包括服装制度在内的政治制度。服装制度中自有作为仪礼需要的发型规定。汉代遂"承秦后，多因其旧"。因而秦、汉服饰发型有许多相同之处。汉武帝时，派张骞通使西域，开辟了一条沟通中原与中亚、西亚乃至欧洲的文化、经济大道，因往返商队主要经营丝绸，故得名"丝绸之路"。这一时期，由于各民族、各国之间交流活跃，使社会风尚有所改观，人们对包括发型在内的整体形象的要求越来越高，穿着打扮，发型化妆，日趋考究。尤其贵族阶层厚葬成风，用于丧葬的服装乃至假发（义髻）等，都为我们研究发型留下了珍贵的文化遗产。

这里有两点需要注意，一点是主述"丝绸之路"自汉代开启，至唐代保持文化、经济往来，绵亘五百载，跨越两大洲，可谓影响深远。汉代之所以能够开通丝绸之路，正说明了政治趋于稳定后，经济才可能飞速发展，这势必带动人们生活水平的整体提高。"丝绸之路"至今仍为人类文化研究提供实物依据。随着岁月的推进，风沙的挪移，不断有文物出土，充分显示出丝绸之路在民族交往、共同创造丰富人类文化上有着相当重要的作用。其沿线出土物中既有源于古波斯的珠圈怪兽纹、西域常用的葡萄纹和鬈发高鼻的少数民族人物形象，还记录了当年民族往来的场景，同时有中国中原或南方的织物花纹，如龙虎纹、对鸟纹、茱萸纹等。1995年，新疆民丰尼雅遗址出土了一件汉晋期间的锦质护臂，上有孔雀、仙鹤、辟邪（似虎加翼）、虎、龙等形象，并织有"五星出东方利中国"的文字，显然带有汉代谶纬学说的印痕。更早些年在新疆民丰东汉墓中，还发掘出迄今发现最早的蓝印花布，蓝印花布的纹饰中竟然有人物形象，这些都从一个大范围中保留了汉代人的生活态度与生活方式，无疑与发型相关。而且，丝绸之路沿线新疆阿斯塔那古墓中出土的干尸更是直接保留了发型实物。

当年丝绸之路的开通意义非凡，对于促进各国各民族的交流有着深远的历史影响。中国21世纪第二个10年提出的"一带一路"倡议，是在陆上丝绸之路和海上丝绸之路的基础上，确定并发展起来的。经过近10个年头的发展，"一带一路"倡议已经结出硕果，奏出21世纪的新篇章。各民族人民之间只有广泛交流，才有利于人类命运共同体的实现。从这一点来说，中国从历史上就致力于民族交往。

另一点是春秋时期百家争鸣，儒、道、法、墨等各家各自阐述自家的哲学观点，这是一个思想活动非常活跃的时期，给后世留下许多珍贵遗产。西汉以来，汉朝廷提出"罢黜百家，独尊儒术"，致使儒家思想成为统治思想，并在中国历史上长达数千年。以孔子为创始人的儒家学说，强调礼仪，强调等级和秩序。儒家学说中涉及治国、修身的理论深入中国民众心中。无论是汉代，还是如今，中国人报国、守信的人格特征，都是深受儒家思想浸润的结果。由于儒家在人的言行举止中有诸多规定，因而影响中国人的发型乃至生活方式。很多儒家学说的理论，均是在汉代被编辑成书的。

与儒家思想同时产生作用的尚有多家学说，如战国末哲学家、阴阳家的代表人物驺衍（也叫邹衍），运用五行相生相克的说法，建立了五德终始说，并将其附会到社会历史变动和王朝兴替上。从这种说法列黄帝为土德，禹是木德，汤是金德，周文王是火德。因此，后代沿用该理论总结为"秦得水德而尚黑"。而汉灭秦，也就以土德胜水德，于是黄色成为高级服色。另根据金、木、水、火、土五行，以东青、西白、南朱、北玄四方位而立中央为土，即黄色，从而更确定了以黄色为中心的主旨，汉代留下的建筑瓦当图案中，相当一部分是四神纹，即东青龙、西白虎、南朱雀、北玄武。最高统治者所服之色也是以黄色为正统。

儒家"事死如事生"的观点，至汉代衍化成实实在在的厚葬风气。这从当时说是浪费，但从后代来说，却是有着弥足珍贵的历史价值。

第二节 ｜ 秦代发型

秦代开创中国统一新篇章，但在历史进程中显得时间较短。万里长城给人类社会留下惊人骇世之作，可是普通官员平民墓葬相对较少，保存完好的更少。至今震撼世人而且别代无法企及的应是秦始皇陵，在司马迁《史记》中有些许记载。这个庞大的骊山陵墓，据考古界多年探测，认为其中文物会很珍贵，但以目前科技手段尚不能保证挖掘出来后能得到有效保护，故而一直未动，仅秦始皇陵兵马俑坑的发掘，已经令世界为之瞩目了。秦代墓葬出土文物不多，直接导致了有关发型的平面或立体视觉形象也很少，好在出土的秦始皇陵将官士兵讲究露髻，即不裹冠巾，不戴帽盔，因而还是留下直观形象，故而相当有价值。

一、秦始皇陵俑人显现发型

秦代是一个政治大一统的朝代，建国起始便"书同文，车同轨"，因而对各种社会事物的发展都起到一种统一和规范的作用。这种治国理念体现在服饰上时，也显示出一种一致性。尤其在戎装上，规制是必不可少，只是出土的武士俑大多戴帽盔，因而发型不明显，最能说明问题的唯秦始皇陵兵马俑了。

1974年，位于陕西西安临潼的秦始皇陵兵马俑坑被发掘出来，1号坑即六千余兵马俑，3号坑俑人数量较少，衣饰考究，似乎是军事指挥部，三个坑合起来共有八千多件，可谓壮观。由于兵马俑的创作风格是高度写实的，将官与兵士又多为不戴冠，因此在发型上留下的资料实在是难能可贵。中国雕塑创作上，一般强调动作与神情，其具体细节并不像西方雕塑那样处处写实，讲求形体酷肖。可是，兵马俑的创作者或许与法家思想和秦人性格有关，他们希望通过一个个将军、步卒、骑兵、跪射俑的各不相同的真实形象，汇聚成一股不可战胜的力量。既然表情上突出秦人特有的威武与从容，服饰微至鞋底的针脚都清晰可辨，每一个个体显示出年龄与性格，那么，发型自然会毫不敷衍，来不得半点马虎了。

关于秦始皇陵官兵俑人的发型及梳理程序，很多书和论文都有叙述，但是，纵观这一部分内容的详尽与清晰，都不及高春明先生的《中国服饰名物考》。

高春明在书中，将秦俑发型分为三种类型。第一种是将头发梳至脑后，然后分成六股，再编成一条扁而粗的发辫，用绳带固定在脑后。第二种是将头顶的头发束成一个发髻，后将额发和鬓发掠向脑后，也分成六股，编成一条板形发辫，反折朝上，紧贴在脑后。第三种的样式最多，占所有兵马俑的八成左右。具体梳法是先将额前长发从中间分开，各掠向耳边，与两鬓的头发相交，编成一条细辫；再将后脑长发分作三股，也编成一条辫子；然后将两侧的发辫和后脑的发辫相交，用饰件固定在脑后；最后将头上的大片长发梳成一个大发髻，以绳带绾束在头顶偏右的地方（图2-1~图2-7）。

对于秦始皇陵兵将俑发型的解析，首先是依据原作造型的细致入微，再便是相关专家的仔细研究，应该说这几种发型代表了秦代的发型（图2-8~图2-11）。当然，如果放开观察，同在陕西临潼的跽坐人发型又有另一种梳法，好像是将头发从中间分开，再从两边向后梳拢，脑后靠近脖子的地方梳一个髻，这种发髻更像我们近代见到的中年女性的梳理样式。在河北战国时期中山王墓中即有持灯俑梳这种发型，都是将头发从头顶分为左右各一股，然后拢于脑后。对于临潼近郊出土的这个俑人，有说是女俑，也有说是养马的，或许男女均可梳这种发髻（图2-12）。

关于这种发髻的名称，多处认定为椎髻，但笔者从这里看不出任何与椎形相似的造型，倒是因不裹巾戴冠，便于后人研究。《战国策·韩策一》中记："（秦）虎挚之士，跿跔科头。""科头"正是不戴帽子，我们只能把秦始皇陵兵俑的发型看作是秦代发型的一个集中体现。

秦始皇陵兵马俑目前发掘的1号、2号坑，俑人的修复和相关研究已较为完善，3号坑俑人的研究尚未完成。总之，随着秦始皇陵墓群的陆续发掘，还会有更多可靠

图2-1　秦兵俑全身形象

图2-2　秦兵俑全身侧面形象

图2-3　秦兵俑显示的发型正面

图2-4　秦兵俑显示的发型侧面

图2-5　秦兵俑显示的发型近景

图2-6　秦兵俑发型从下向上看鬓角

图2-7 秦兵俑发型从侧后向前看
发髻

图2-8 秦兵俑发型正面细部

图2-9 秦兵俑发型背面1

图2-10 秦兵俑发型背面2

图2-11 秦兵俑发型侧面

图2-12 秦兵俑养马人显示的发型

的现实发型资料，届时可以更有力地显现秦代发型概况。

二、文字描述发型

有关秦代发型的文字资料，除了司马迁《史记》外，主要是唐人宇文士及的《妆台记》和段成式的《髻鬟品》，再便是五代后唐马缟的《中华古今注》，也就是说，当年的亲历者记录鲜见。

《史记·货殖列传》中记："程郑，山东迁虏也，亦冶铸，贾椎髻之民，富埒卓氏。"《史记·西南夷列传》中记：夜郎、滇、邛都，皆魋结之民。这里似乎在指中原以外的民众，时间当在战国及秦汉间。

《妆台记》中写："始皇宫中，悉好神仙之术，乃梳神仙髻，皆红妆翠眉。"《髻鬟品》中记道："髻始自燧人氏，以发相缠而无系缚。周文王加珠翠翘花，名曰凤髻，又名步摇髻。"在这本书中，段成式专门写："秦始皇有望仙髻、参鸾髻、凌云髻。"

《中华古今注》卷中专有"头髻"一段文字，其中明确写："始皇诏后梳凌云髻，三妃梳望仙九鬟髻，九嫔梳参鸾髻。""花子"段写道："秦始皇好神仙，常令宫人梳仙髻，帖五色花子，画为云凤虎飞升。"

《中华古今注》中"冠子朵子扇子"段写道："冠子者，秦始皇之制也。令三妃九嫔当暑戴芙蓉冠子，以碧罗为之，插五色通草苏朵子……令宫人当暑戴黄罗髻，蝉冠子，五花朵子，披浅黄银泥飞云帔，把五色罗小扇子，靸金泥飞头鞋。"

如果我们予以分析，以上诸说实际上是后代叙说的，到底是不是这样，这几种髻大致上是什么样式呢？根据后人相关叙述，应该有一定依据的。如：

凌云髻：高耸，卷曲，盘起的发髻细部似云朵，只能说是相传起源于秦代。

望仙九鬟髻：陕西西安羊头镇唐李爽墓出土壁画上，有一侍女手托盘，头上梳两个大环的发髻，被今人认定是望仙髻。由此联想，望仙九鬟髻应是大大小小环更多，故而称谓。

参鸾髻：应该是高髻梳成隐约之间鸾凤飞腾状，目前只见文字记述。

黄罗髻：据说是以硬质物为胎做成发髻状，外蒙黄色缯罗，戴套在头上，也有说是以黄罗覆真发髻。

垂云髻：古人将梳成一定造型的乌黑的发髻称为乌云髻，或云髻。如果垂下，当为垂云髻。

迎春髻：始于秦，具体样式不详。

关于发髻的述说，历代有多部著作涉及，从《中华古今注》来看，有一段谈到固定发髻的笄。书中说："自古之有髻，而吉者，系也。女子十五而笄，许嫁于人，以系他族，故曰髻而吉。榛木为笄，笄以约发也。居丧以桑木为笄，表变孝也，皆长尺有二寸。沿至夏后，以铜为笄，于两旁约发也，为之发笄。殷后服盘龙步摇，梳流苏，珠翠三服，服龙盘步摇，若侍，去梳苏，以其步步而摇，故曰步摇。周文王又制平头髻。昭帝又制小须变裙髻。"这段之后紧接着说到秦。其中讲笄，应该符合史实，而后谈及商至秦的几种发髻，未见当年实物和画作，我们姑且视其为参考资料。

 第三节 | 汉代发型

由于汉王朝"罢黜百家，独尊儒术"，而儒家礼制思想正是从汉代得以完全贯彻实

施，因此儒家男子"二十而冠"的成年礼仪式及其重要性已经深入人心。从我们今天可以看到的汉代视觉形象资料，无论是山东济南汉墓出土的加彩陶俑群，还是河北望都汉墓壁画，再便是四川成都扬子山二号汉墓出土的画像砖、湖南长沙马王堆汉墓出土的彩绘木俑，众多不同题材不同质地的形象资料，都向人们显示着汉代男子成年后基本都戴冠巾。在这里，能够看到官员、侍卫、儒生们有的戴着进贤冠，有的戴着长冠，或者梁冠、武冠，侍者们也都裹着平巾帻，体力劳动者戴着小帽。这样的结果是，汉代男子发型在历史资料中呈现不多，我们可将汉代发型的重点放在女子发型上。

一、女子发髻种类

发髻发展到汉代，到了一个异常丰富、五彩缤纷的时期，起始于何时的发髻并不重要，关键是汉代发髻创作已经开启了向顶峰冲击的历程，尤其是高髻，使发髻造型的构思可以更大胆，实施起来也更得力，加之汉代开始文字著述且艺术作品颇多，发型盛况也得以给后世流传下来。

汉代女子发髻典型样式很多，以下选其有代表性的几种。

椎髻：这是一种自战国时期就已经出现的发式，从中原传至西南地区还是从西南少数民族传至中原汉族，历来说法不一，总之是妇女平时家居比较随意的发式，因形似木制的椎（捶击工具）而得名。只不过，汉代妇女梳椎髻时多将髻垂于后脖颈处。在《汉书·西南夷传》等处，记载少数民族中男女都梳椎髻。在《汉书·陆贾传》中记，兵士也曾普遍梳这种髻，应类于秦兵俑发型。《后汉书·梁鸿传》中写椎髻时与布衣同论，应是指普通劳动妇女的典型发型（图2-13、图2-14）。

高髻：可统称高且大的发髻，汉代流行的多为将头发拢至头顶，然后再梳成向上高耸的样式。《后汉书·马皇后纪》中写："长安语曰：'城中好高髻，四方高一尺'。"这说明汉代时曾流行过高髻。

十二鬟髻：发型梳成后，呈现出12个环状，这多为少女梳制，《中华古今注》中曾写汉武帝时命宫女梳十二鬟髻。

奉圣髻：《中华古今注》中论汉高祖令宫人梳奉圣髻，应该也是比较俏皮的青少年女性发型。

百合分髾髻：相传始于汉，据说是集发于顶，挽成髻后，分出一绺头发，垂于脑后。西汉长信宫灯持灯人的发型，应类似分髾髻（图2-15）。

堕马髻：这种发型被公认为出自汉代。应是梳头时从正中分开，呈左右两部分梳往脑后再成一股，挽髻之后垂至后背肩以下。另外，从髻中抽出一绺，朝一侧下垂。有人说此髻式出自汉武帝，有人说起于汉桓帝，主要见于《后汉书·梁冀传》

图2-13 云南石寨山1号墓出土
女俑显示的发型

图2-14 云南石寨山20号墓出土
女俑显示的发型

图2-15 长信宫灯持灯人发型类
似分髾髻

记载："（寿）色美而善为妖态，作愁眉、啼妆、堕马髻、折腰步、龋齿笑，以为媚
惑。"后代注引说堕马髻侧在一边，另有记载这种发型兴起后，致"京都歙然，诸夏
皆仿效"，可见其在当年曾风行一时（图2-16、图2-17）。

不聊生髻：这是一种较为散乱的发型，因后代援引堕马髻自梁冀妻起而补充的
"冀妇女又有不聊生髻"而被认为自汉代开始。

四起大髻：相传为后汉初马皇后创制，因为在朝觐、祭祀、军旅、丧仪中有各
自不同又同属高髻的发型，故唐李贤注引时是明德马皇后美发而有的四起大髻，并
说"尚有余，绕髻三匝"，看来这不是日常起居发型。长沙马王堆一号汉墓出土帛画
上的轪侯之妻的发型会不会是一种郑重礼仪上梳制的发髻呢（图2-18）？

以上只是有确凿依据的汉代妇女发髻，只能说是择其主要的叙述。除了这里一
些发髻对后世产生影响，或说从汉流传至魏唐的以外，尚有一些是明确从汉至魏唐

图2-16 西安任家坡汉墓女俑显
示的发型

图2-17 湖北江陵凤凰山汉墓女
俑的堕马髻

图2-18 汉墓帛画人物的发髻并
饰件形象侧面

一直在民间盛行的发型。

二、汉代流传至后世的发型

汉代兴起后在民间流传很久的发型有多种，而且在后世记载的发型中，有许多起源于汉，这一点我们很难考证，到底是真的从汉代发明，还是假托于汉？在这里，我们选几种有文字记载的择其大要。

椎髻：前文已述，汉代有多处书籍写到。《三国志·魏书·东夷传》和《新唐书·五行志》中屡有提及，只是形制有所变化。

同心髻：相传始于汉代，唐段成式《髻鬟品》中写道："汉元帝宫中有百合分髾髻、同心髻。"两宋期间还盛行，陆游《入蜀记》有："未嫁者，率为同心髻，高二尺，插银钗至六只，后插大象牙梳"，再后及至清代，还有同心髻，据说是集发于顶，编成圆髻，根部以带系扎，四周可插上首饰。

九环髻：这种发型也属高髻，只不过从头顶总发后需分成数股，再分别弯成环状，以簪钗固定，传说起于汉武帝，传至唐。唐段成式《髻鬟品》中写："王母降武帝宫，从者有飞仙髻、九环髻。"这应属于神话传说了，看来段成式所处的唐代，或许还存有这种发型。

迎春髻：相传起于汉代宫中，或说更早为秦始皇。唐宇文士及《妆台记》中写："始皇宫中，悉好神仙之术，乃梳神仙髻，皆红妆翠眉，汉宫尚之。后有迎春髻、垂云髻"，看来也是自汉至唐一直流行。

三角髻：唐李白《上元夫人》诗云："上元谁夫人，偏得王母娇。嵯峨三角髻，余发散垂腰。"后人根据记载，推测这是将头发分成四部分，前额的梳成一圆髻，左右两侧的各梳一髻垂于耳际，脑后的头发垂于背部。今人根据唐墓出土的陶女俑分析，应该是始于汉，流行至唐。

飞仙髻：飞仙髻在九环髻段落中已经提及，除上记述外，唐宇文士及《妆台记》中也曾写道："汉武就李夫人取玉簪搔头，自此宫人多用玉；时王母下降，从者皆飞仙髻、九环髻。"有人认为，飞仙髻是将头发从头顶分成数股，盘成环状，颇具超乎常人之态，至唐仍保留。

瑶台髻：在中国神话中，瑶台是王母娘娘居住的地方，即称瑶台髻，必然也是仙气满满。传为汉代宫中始有，于唐以后五代马缟《中华古今注》中有记载。

欣愁髻：据说也是汉代发髻，但至唐代段成式仍在描述。

倭堕髻：略称倭髻，由堕马髻演变而来，多用于年轻女性。汉乐府《陌上桑》诗曰："头上倭堕髻，耳中明月珠。"由此看来，倭堕髻汉代即有，形式应类似于堕马髻，也是自头顶挽成一髻后下垂于一侧，流行于汉魏期间。南北朝徐伯阳《日出东南隅行》中尚写："罗敷妆粉能佳丽，镜前新梳倭堕髻。"晋崔豹在《古今注·杂注》中也写过："倭堕髻，一云堕马之余形也。"今人认为洛阳市郊永宁寺遗址出土的北魏泥塑女俑就是梳着倭堕髻。从发型史的角度，我们不能够选取后代的实物视觉资料，但是可以从汉代堕马髻形象了解，并可以从这种类似发型的正面来观察整体效果（图2-19、图2-20）。

图2-19　汉舞女俑正侧面发型　　　　图2-20　汉女俑正侧面发型

　　从以上几例不难看出，汉代出现的发型，很多流传至后世，且成为中国女性发型的经典样式。还有一些只有后人文字叙述，尚不知是否真正源于汉代，如"小须变裙髻"，即是五代后唐马缟《中华古今注》所论："（汉）昭帝又制小须变裙髻"，具体样式不详。

三、假发实物

　　关于中国古代的假发起源，前面已有专门叙述。值得重视的是，继春秋早期黄君孟夫妇墓发现保存完好发髻——由真实的别人头发编制的发髻之后，湖南长沙马王堆西汉墓中又一次发现发髻实物。

　　西汉的假发发髻实物，是用黑色丝绒线编制的，丝绒线颜色乌黑，细如真发，因而发髻宛如真头发制成，相当讲究。同墓出土的竹简上，写有"员付莫二，盛印副"七字，"员付莫"是一种小圆漆盒，"副"即是前述礼仪盛装中的假发发髻。同墓出土的小圆盒内确实还存放着一束黑丝绒线的假发，看来墓主人生前即有这种妆具。这说明当年假发髻专用来在郑重场合时戴用，已经相当普遍。

第二讲　秦汉发型

041

古诗词中的发型描绘

1. 长裙连理带，广袖合欢襦。头上蓝田玉，耳后大秦珠。两鬟何窈窕，一世良所无。一鬟五百万，两鬟千万余。

这是东汉辛延年的《羽林郎》诗。诗中描绘的发型及服饰形象，是用旧题假托古人往事，讽咏当时人当时事。借题写胡女年方十五，在酒店里卖酒。她头上梳着很大的环形发鬟，发鬟上插戴着昂贵的首饰，如蓝田玉、大秦珠等，有些异族美饰的神秘味道。

2. 头上倭堕髻，耳中明月珠。

这是汉乐府《陌上桑》诗中的名句，无名氏作。南宋郑樵《通志》中说《陌上桑》有两首，这首为《艳歌罗敷行》，另一首为《秋胡行》。

倭堕髻在本书正文中已专门论述，我们通过当年梳着倭堕髻的美丽少妇的坚贞不屈，更能够领略到不畏强暴，正直可敬的女子的鲜活形象。这句的前两句是"秦氏有好女，自名为罗敷。罗敷善蚕桑，采桑城南隅。青丝为笼系，桂枝为笼钩"。笼在这里指篮子。这句的下一句为"缃绮为下裙，紫绮为上襦"，由此可见，这描写的是一位美丽健康勤劳的年轻女子。

3. 结发为夫妻，恩爱两不疑。

这是汉乐府诗中被收入《玉台新咏》卷十的一首诗，名为《留别妻》。"结发"是中国文学和口头用语中常见的词，即为"男子二十而冠，女子十五而笄"后，也就是成年后的第一次结婚，区别于二婚。中国人很看重"结发夫妻"，到21世纪，仍可听到很多人在强调"我们是结发夫妻"或"那是我结发妻子"，格外珍重。

1. 秦始皇陵兵马俑呈现出哪种发型？有什么特点？

2. 列举几种秦汉发髻。

3. 秦汉发髻对魏唐产生怎样的影响？试举两例。

第三讲

———

三国两晋

南北朝发型

课程名称	三国两晋南北朝发型
教学内容	时代背景简述 三国时期发型 晋代发型 南北朝发型
课程时数	6 课时
教学目的	本章介绍了三国两晋南北朝时期的发型形制，重点结合历史文化背景分析了出现多样造型的深层原因，让学生了解该时期民族间的交流融合、文人的社会思潮，以及佛教、丝绸之路对后期社会发展的多重影响，通过图文并茂的形式，让学生感受在民族、文化大融合的背景下，男女老少发型的创新变化
教学方法	讲授法
教学要求	1. 使学生了解三国两晋南北朝时期的发型特点 2. 使学生熟悉士人反传统发型的表现形式及背后原因 3. 使学生掌握规制发型与日常发髻的主要区别 4. 使学生理解造成该时期发型创新的影响因素

第一节 | 时代背景简述

　　中国历史上，有一段朝代更替频繁，且各地设国特多的时期，那就是从公元220年曹丕代汉，到公元589年隋灭陈统一全国，共369年。这一时期基本处于动乱分裂状态，先为魏、蜀、吴三国呈鼎立之势。后来，司马炎代魏，建立晋朝，统一全国，史称西晋，但西晋不到40年遂灭亡。司马睿在南方建立偏安的晋王朝，史称东晋。在北方，有几个民族相继建立了十几个国家，被称为十六国。东晋后，南方历宋、齐、梁、陈四朝，统称为南朝。与此同时，鲜卑拓跋氏的北魏统一北方，后又分裂为东魏、西魏，再分别演变为北齐、北周，统称为北朝。最后，杨坚建立隋朝，统一全国，方结束了南北分裂的局面。

　　在这期间，一方面因为战乱频仍，社会经济遭到相当程度的破坏；另一方面，由于南北迁徙，民族错居，也加强了各民族之间的交流与融合，因此，对于发型和生活方式的演变也产生了积极的影响。初期各族发型自承旧制，后期因相互接触而渐趋融合。

　　这一阶段，有一些来自文人的社会思潮，影响了人们的整体形象风格。例如，追求褒衣博带之势，飘飘欲仙之感。当年政治混乱，文人意欲进贤，又怯于宦海沉浮，只得自我超脱。结果是，除沉迷于饮酒、奏乐、吞丹、谈玄之外，便在装扮发型上寻找宣泄口。以傲世为荣，有意违抗儒家礼教，故而将头发散开，宛如原始人，或是梳小儿的丫髻，并阔衣大袖，袒胸露臂。在南京西善桥出土的砖印壁画《竹林七贤与荣启期》中，可看到几位文人桀骜不驯、蔑视世俗的神情与装束；唐末画家孙位《高逸图》中，也描绘出魏晋文人清静高雅、超凡脱俗的气概；晋陆机《晋纪》篇叙述刘伶竟裸体坐于室内饮酒，客人来了不为所动。客人指责他，他却说："我以天地为栋宇，屋室为裈衣。诸君何为入我裈中？"这一例足以使我们得见当时的社会风尚。汉末以来的纵酒清谈之风与人物品藻密切相关。从古籍记载中不难看出，当年除以"飘如游云，矫若惊龙""濯濯如春月柳"等具体形象作比喻以外，还出现许多道德、审美概念等方面的形容词，如生气、骨气、风骨、风韵、自然、温润、情致、神、真、韵、秀高等，这些属于文化范畴的理论无疑对服饰风格产生了重大影响。《世说新语》中关于"林公道王长史：'敛衿作一来，何其轩轩韶举'""裴令公有俊容仪，脱冠冕，粗服乱头皆好。时人以为'玉人'"的描述都反映了当时的社会文化意识。

　　还有一种文化因素，即是佛教自汉传入中国，至魏晋南北朝时大为盛行。唐代杜牧诗曰："南朝四百八十寺,多少楼台烟雨中",只能说明大致情景,据考证,当年寺庙远不止这个数字。佛家从印度传经初期,主要强调苦修,讲究生死轮回,因果报应。魏晋南北朝时期恰值战乱不断,人民流离失所,因而佛教的"修来世"给世人精神以极大寄托。于是,人们一方面将当时服装样式加于佛像身上,这从敦煌壁画和云冈石窟、龙门石窟雕像上即可看出。随佛教而兴起的莲花、忍冬等纹饰大量出现在世人衣服面料或边缘装饰上,赋予了服装明显的时代气息。尤其是释迦牟尼像的螺髻,直接影响了中国人的发型式样。

再有,丝绸之路上的活跃往来,又从印度、欧洲等处传入中原一些异族风采。例如,"兽王锦""串花纹毛织物""对鸟对兽纹绮""忍冬纹毛织物"等织绣图案,都是直接汲取了波斯萨珊王朝及其他国家与民族的装饰风格的。上述国家或地区的舞蹈音乐,更是为中原人带来了新奇的服装和发型形象。总之,外来文化和本土文化的撞击融合表现在装束上,便形成了佛教"秀骨清像"加士人"褒衣博带"的特有风貌。同时,在发型和整体人物形象上,多了许多神佛之气。

同时我们还应该看到,魏晋南北朝时期虽然政治不稳定,人们常会逃离家园,但是民众在迁徙过程中,又会使境内各民族文化,包括发型、装饰等得以大规模地交流与融合。北方民族人物服饰形象得以在中原及南方流行即是典型范例。这种融合的本身是痛苦的,是被动的,可是当我们今日将其放在历史的角度上去分析时,它显然有着不可替代的促进作用。正是因为这一段时期思想活跃,文化碰撞频繁,才使封建文化文明至隋唐时期达到巅峰。

需要说明的是,本书为了梳理更为清晰,因而将这一讲内容分为三个小节去叙述,实际上三国、两晋、南北朝三个时段的发型是不可能断然分开的,只是各自有重点,但很多内容是有连续性的。

第二节 | 三国时期发型

在中国历史上,一般将汉代以后的魏、蜀、吴三足鼎立时期称为"三国"。相对来说,这一时期的发型变化较多,并没有因战乱频仍而有所减少,反而因三国有各自的领土且有一定安稳的时期,尤其是称霸者往往极尽奢华,又缺乏大一统的礼治状态,因而女子发型无论在正统礼仪还是在日常生活中都尽其发挥。下面按礼仪和日常起居两部分叙述三国时期的发型。

一、女子规制发型

凡规制，应是有制度在先。凡规制发型，大多是限制皇族、嫔妃、贵妃在参加某项礼仪活动时所用。这些规制不一定是三国时期才开始有，我们这里所选的是三国时期某一国的特别规定，并继续延续至后世的，如大手髻。

大手髻：也称"大手结"或"大首髻"。《后汉书·舆服志》中记："贵人助蚕服，纯缥上下，深衣制。大手结，墨玳瑁，又加簪珥。长公主见会衣服，加步摇，公主大手结，皆有簪珥"。这就是说，大手髻是从汉代制度中就已经出现的，是一种事先用金属丝编成冠状，然后缠上发丝的。戴在头上时，必然要装饰上各种首饰，以示尊贵和郑重。至于首饰的多少与样式，则会因身份级别不同而有所区别（图3-1）。

大手髻在马端临的《文献通考》中被专门提出："魏制：贵人、夫人以下助蚕，皆大手髻，七钿蔽髻。黑玳瑁，又加簪珥。九嫔以下五钿……其长公主得有步摇"，说明了这种发型是规制范围之中的，后代史书还有记载。

以上内容需要在这里释义的是，所谓"助蚕服"或"蚕"，专指每年春日各级别都要举办的祭蚕仪式。中国古人认为，黄帝轩辕氏发明了许多，诸如舟车等，那么将野蚕收为家蚕而养以供纯丝的应该是黄帝之正妃嫘祖西陵氏，因而长时期将嫘祖奉为蚕神。在中国以农业为主导的社会中，男耕女织是一种生产生活基本模式，故而每年的祭蚕仪式总要由各级中的领头女性来主持，最高级的皇宫祭蚕仪式，必定要有皇后、贵妃、公主来参加，并由参加者中地位最高的人来主持，所以衣服和发型是有规定的。首饰之中的钿，是指金花，或专指金属和螺钿镶嵌的头饰。至于皇后等贵族女性祭蚕仪式上的整体服饰形象，可以在明代王圻等撰的《三才图会》上看到比较早期的视觉资料（图3-2~图3-4）。

图3-1 今人摹绘
大手髻

图3-2 《三才图会》中
的"告桑之服"整体形象

图3-3 《三才图会》中
的"祭先王之服"整体形象

图3-4 《三才图会》中
的"祭先公之服"整体形象

二、女子日常发髻

三国时期女子发髻的样式越来越丰富，人们已不满足只是把头发束起来了，而是将头发作为装饰自我，从而进行自我艺术形象塑造的重要载体。特别是宫廷中，闲适、富足，加之女性居多，嫔妃之间又处于争宠状态，因而导致发型日益增多且侧重于艺术表现，如反绾髻、惊鹄髻、云髻等。

反绾髻：这种发髻相传起于三国时期。在唐刘存《事始》中记："魏武帝令宫人梳反绾髻，插云头钗篦。"今人选取古代艺术品形象时，认定江苏扬州城东林庄唐墓出土的陶俑即梳着反绾髻。大致梳法是将头发拢于脑后，挽成一个造型，再由下向上反绾固定（图3-5）。

图3-5　唐俑人显示的反绾髻

惊鹄髻：也称惊鹤髻，传为三国时期宫人所梳。晋崔豹《古今注》记："魏宫人好画长眉，今多作翠眉惊鹤髻。"看来晋代人依然流行这种样式的发髻。据说，梳头时是将头发拢至头顶，分成两股，左右各梳一个宛如羽翼的发髻，整体看去犹如禽鸟要展翅飞翔，故名"惊鹄髻"。陕西西安唐墓出土的女俑，有一种发型似惊鹄髻。今人认定甘肃天水麦积山石窟北魏壁画上的伎乐天即梳着这种发髻。另外新疆吐峪沟唐墓出土的绢画上女子也应是梳着这种发型（图3-6~图3-9）。

图3-6　唐俑人显示的惊鹄髻

图3-7　甘肃天水麦积山石窟北魏壁画伎乐惊鹄髻

图3-8　甘肃天水麦积山石窟北魏壁画伎乐发髻侧面

图3-9　新疆唐墓出土绢画上的发型

第三讲　三国两晋南北朝发型

047

云髻：有充分依据说三国时期正时兴这种发髻，因为魏曹植《闺情诗》中描述过："红颜铧烨，云髻嵯峨。"曹植在《洛神赋》中又一次写道："芳泽无加，铅华弗御。云髻峨峨，修眉联娟。"看起来，这种发髻不乏卷曲的朵朵云形，而合起来又呈高耸状。不过，这只是一种具体髻式的称谓，还有一种可能是高起来的发髻，甚或是假发发髻的泛称。后代一直在沿袭，中国古人有将女子头发美誉为乌发如云的惯例，那么云髻不仅是一种样式吧！如今有一种说法，唐人《步辇图》上的侍女发型，即是云髻，可权作参考（图3-10）。

灵蛇髻：这种称谓历来为世人所传，由此"灵"加上屈动多变又神出鬼没的"蛇"，就自然给人一种神秘的感觉。相传也是始于三国时期，为魏文帝皇后甄氏所创。《说郛》卷三十一《采兰杂志》中写道："甄后既入魏宫，宫庭有一绿蛇，……每日后梳妆，则盘结一髻形于后前……髻每日不同，号为灵蛇髻。宫人拟之，十不得一二也。"看来所谓灵蛇髻，是有许多创新构思和艺术手法贯穿其中的，而不是固定一个样儿，这里表现出创作者的一个设计思维高度。大家都想学这个样儿，可是很难得其灵气，恐怕这正是灵蛇髻千年为人传颂的根本原因吧！至于灵蛇髻大致造型，今人认定东晋顾恺之《洛神赋图》中的洛神，即梳着这种发髻，或许是将头发从中一分为二，两股头发各盘绕成各种形状，使之十分灵动，因此形成灵蛇髻的魅力（图3-11、图3-12）。

除了以上几种当年新颖的发髻之外，还有屈髻等，只是《三国志·魏志·倭人传》中所记"妇人被发屈紒，作衣如单被"，似乎是写日本古国，这种将头发梳至脑后再卷至上方或弯曲盘旋的样式，中国中老年妇女也长时期梳着，应该说到20世纪末，还有这种发髻，大多为沿海或山村农家妇女所用。而且《三国志·魏志·倭人传》中同时用"作衣如单被"，是写穿着原始社会的贯口衣。这一点符合史实，中国三国两晋南北朝时，当时的日本国人确实处于石器时代。由此说来，这种发型也是很原始、很简陋的，不能与三国时期的时尚发髻同日而语。只是，我们可理解为这是一种盘旋向上的发髻，并流传很久，至宋《太平广记》中还写道："忽逢一妪，年可五十余，……脱却帛巾，头发尽作屈髻十余道，纵束之"，这说明屈髻应是至后代还有。

图3-10　古代妇女云髻的一种样式

图3-11　东晋顾恺之《洛神赋图》
中灵蛇髻

图 3-12 东晋顾恺之《洛神赋图》显示的女子发型

第三节 | 晋代发型

中国古代男子头发从小垂髫，二十即成人，将头发束起，随之戴冠或裹巾，如晋干宝在《搜神记》中写："兵士以绛囊缚紒。""紒"即是髻，男子的发型在数千年古代社会中变化不大。当然，这里说的是汉族，也就是大多数中国男性。因而，中国发型的历代演变主要是女子发型。至西晋时，却发生了意想不到的变化，士人中兴起一股风气，以反礼教为风流倜傥，因此出现一些不符合传统的怪异发式，这就是中国发型史上独特的一页。至于女子发型，则日渐奇巧了。

一、士人反传统发型

人们一说到中国西晋时的士人，首先想到的往往是竹林七贤，因为刘伶、阮籍等早已深入人心。但为什么两晋时士人引领一代新风，甚至会影响到发型呢？这还要从东汉末说起。

今人认为，汉代"罢黜百家，独尊儒术"致使汉代文人讲究攻读经学，而东汉士大夫渐成一个涉及政治、经济等社会各方面理论的形成与播散群体，自我意识趋向越加独立自傲。尤其是在东汉末，士大夫阶层与外戚宦官势力的争斗日甚，加之汉末三国时期局势动荡，因而士人自觉鄙视功名利禄之徒，遂起一股清谈之风。在这样一个意识基础上，士人之间的比试超越于凡人的外在形象与整体气度，酒、乐、丹、玄确实使他们远离现实生活，沉醉于自己创造的神仙世界，而且觉得别人都是凡夫俗子。在搜集汉末至东晋的轶事小说体《世说新语》中，即有评述嵇康之子嵇延祖形象的一句话，说他"卓卓如野鹤之在鸡群"，有王敦大将军评价太尉王衍："处众人中，似珠玉在瓦石间。"这就不难看出，士人形象的塑造有一定的审美标准在内。

更深入地讲，士人崇尚儒学多年，可是现实生活严酷，他们极易又去寻找老庄，以便修身养性。这种放任自我、疏放畅达的流行时尚，势必引发作为士人的男子不再像儒家所要求的那样束发戴冠、文质彬彬。《抱朴子外篇》卷二十五中写道："汉之末世……蓬发乱鬓，横挟不带。或袒衣以接，或裸袒而箕踞。"本书第一讲中写及西王母时，有"蓬发戴胜"之句，那是《山海经》中对原始社会人类发型的大致概括。蓬发即指不束拢头发，披发甚至有些散乱的样子。而中国至迟到西周时，已有严格的规章制度，其中包括发型。可是到了晋代，士人重新放开头发，任其自然披散着，以还原不受礼教约束的童真之气。鬓角按规矩也是要整齐干净的，至晋代文人却讲求"乱鬓"，这显然是有意违背礼法的。"袒衣"是内衣，儒家认为衣冠不整不能见外人，且放置袒衣的地方必须隐秘，绝不能示人，如此怎么能穿着内衣去接待客人呢？裸袒更不行，那简直天理不容，稍微露出衣襟里的长裤对于文人来说都是对客人或对去拜访的人的极大不恭敬。"箕踞"是坐在席上时，没有先跪后坐呈踉坐姿式，而是两脚前伸，两腿直着外延一些，使坐着的样子像个簸箕，这绝对不是文人士大夫阶层所应有的礼仪举止，但是在晋代，这种行为随着反传统理念的产生却产生了。由于晋代士人讲谈玄，好容止，在史籍中留下一些记述发型的内容。例如，《晋书》中写："魏末，阮籍嗜酒荒放，露头散发，裸袒箕踞。"想春秋时期孔子学生子路面对迎面杀来的官兵，竟然沉着冷静地扶正自己被打歪的帽子，并说："君子死，而冠不免。"一边说，一边抓紧时间系好帽带。那时多么看重文人的形象，到晋代士人这时索性摘掉帽子，露着头发见人。曾经，孔子去见老子，恰巧老子刚洗过头，就那样披着未加梳拢的头发接待了孔子。孔子出门即对学生说，这成什么样子？还有没有礼法？这说明早在诸子百家竞相争鸣时，各家学说也是相异的，只不过汉代尊儒，因而晋代士人重拾老庄之说也是有深层社会思想基础的。

《世说新语》专有"容止篇"，其中一文写道："裴令公有俊容仪，脱冠冕，粗服乱头皆好。时人以为'玉人'。见者曰：'见裴叔则，如玉山上行，光映照人。'"可以想象，一代独特形象之风如此感召士者阶层。"粗服"在中国语言中常用来形容穷苦人的衣服，同时也可作重孝的孝服，肯定与"长裙雅步"的文人士大夫相距甚远。而当时这种不戴帽子，也不梳理头发且穿着脏乱衣服的士者，却受到如此吹捧。同在《世说新语》中，还有一文写："刘尹道桓公：鬓如反猬皮，眉如紫石棱，自是孙仲谋、司马宣王一流人。"当然，鬓角如反面朝外的刺猬皮，这也许是络腮胡子，但同时也是一种不加梳理，反而夸张其奇异的形象。

关于这一时期士人反传统发型的视觉形象，可以从南京西善桥出土的南朝砖印壁画《竹林七贤与荣启期》上看出一二。

砖印壁画上表现的是西晋竹林七贤和春秋时期的高士荣启期。八位士人分别坐于树下，有的弹琴，有的饮酒，其桀骜不驯、蔑视世俗的神情与装束显露无遗。刘伶、嵇康和王戎根本不裹巾子，不但露着头发，而且将头发在头顶上梳成儿童的双丫髻式，俨然玩世不恭。同时，他们坐姿随意，袒胸、露臂、跣足（图3-13~图3-18）。

所谓"丫髻"，还要从丫鬟说起，这是多见于唐宋及以后书籍中的名称，专指两个直竖于头顶的小髻形似树枝丫杈，而且主要是未婚少女或童女的发型。如果我们再上溯，这或许是类似当年帝王和皇子未加冠时的发髻样式，叫"双童髻"。只不过，双童髻一般是在头顶梳两个圆球形发髻，左右各一。《隋书·礼仪志》中记："（皇太子）未加元服，则空顶黑介帻，双童髻，双玉导。"《新唐书·车服志》也记"天子未加元服，以空顶黑介帻，双童髻，双玉导，加宝饰。"《新唐书·车服志》里还写道："书算律学生，州县学生朝参，……未冠者童子髻。"总之，刘伶等人梳的根本不是成年人的发型，他们试图以此童子髻加强其反礼教、反传统的思想表现。因

图3-13　《竹林七贤与荣启期》左半幅

图3-14　《竹林七贤与荣启期》右半幅

图3-15 《竹林七贤与荣启期》
中显示发型

图3-16 《竹林七贤与荣启期》
中巾罩发型1

图3-17 《竹林七贤与荣启期》
中巾罩发型2

为不裹巾戴冠，倒也体现出一段时期内一种类型人物曾经梳理的发型，这是有明显时代印迹的。《竹林七贤与荣启期》图中即有不裹巾，直接露出丫髻的士人形象（图3-19~图3-21）。《晋书·五行志》中记："惠帝元康中，贵游子弟，相与为散发，裸身之饮。"看起来，这种风气还不只限于士人，一经流行便遍及民间了。

图3-18 《竹林七贤与荣启期》
中巾罩发型3

图3-19 《竹林七贤与荣启期》
中丫髻1

另外，还有一种发型被称为老姥髻，相传流行于西晋永嘉时期。南朝梁陶弘景《冥通记》里写道："从者十二人，

图3-20 《竹林七贤与荣启期》
中丫髻2

图3-21 《竹林七贤与荣启期》
中丫髻3

二人提裾，作两髻，髻如永嘉老姥髻。"后世认为老姥髻是一种男子发髻，应该也是青少年常梳的发型。

二、女子规制发型

晋代宫廷嫔妃在参加祭祀蚕神等仪式时，也有规制发型。《晋书·舆服志》中写："贵人、贵嫔、夫人助蚕，服纯缥为上与下，皆深衣制。太平髻，七钿蔽髻。黑玳瑁，又加簪珥。"同时写道："长公主、公主见会，太平髻，七钿蔽髻。其长公主得有步摇，皆有簪珥，衣服同制。"看起来，晋代贵妇用于仪礼的发型与前代相差不多，只是名称有所变化，从大手髻改为太平髻，应是从造型取意变为吉祥寓意了。

可以从中看到一些规律，那就是凡女子规制发型，肯定是有一定讲究的。首先必须郑重，符合礼仪制度，再者必须饰品丰富，以示高级从而区分于便装和民服。这样一来，绝不会是随便将头发绾一绾就能够出席仪式的。因此，规制发型一般多为蔽髻，即假发。只有全用假发，最好是脱离真发独立成型的发髻才更可以合规并考究。如此看来，以假发做成发型，不仅仅是为了美，更多时候是为了享有更大的造型空间。

我们虽然目前无法找到这一时期确切的皇后嫔妃规制礼仪发型的形象资料，但可以通过东晋大画家顾恺之的《女史箴图》和《列女仁智图》中的女子整体形象，去重点领略一下当年宫廷女性或上层女性的发型风采（图3-22~图3-29）。

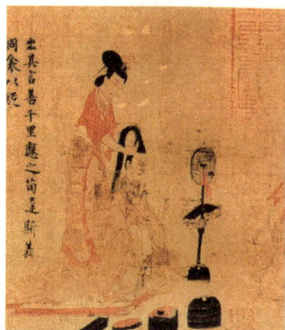

图3-22 《女史箴图》中发型1

图3-23 《女史箴图》中发型2

图3-24 《女史箴图》中发型3

图3-25 《女史箴图》中发型4

图 3-26 《列女仁智图》中发型 1

图 3-27 《列女仁智图》中发型 2

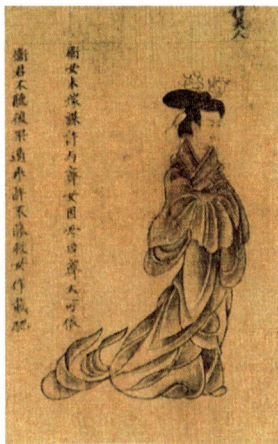

图 3-28 《列女仁智图》中发型 3

图 3-29 《列女仁智图》中发型 4

三、女子与儿童日常发髻

晋代社会风气浮华而士人又讲求超脱，传统规制混乱且多变，势必形成女子发型衣着也较为随意，随意之间便衍生出许多新花样，如缬子髻、芙蓉髻、露髻等。

缬子髻：西晋兴起延至东晋。在晋干宝《搜神记》中写道："晋时，妇人结发者，既成，以缯急束其环，名曰'缬子髻'。始自宫中，天下翕然化之也。"在其他古籍中记载，也说是晋惠帝元康中事，具体时间恐不是一时一日所成，因而很难确定其源头。其具体样式也不详，今人有以日本《服饰辞典》中环状髻来诠释的，只能说是大致样貌（图3-30）。

芙蓉髻：这种发髻应是以造型类似莲花而得名。据说起源于晋，主要是因唐代诗、书中都说是晋有芙蓉髻，如唐宇文士及《妆台记》写道："晋惠帝令宫人梳芙蓉髻，插通草五色花。"

露髻：这原本是一种起于汉代的发髻，但是东晋顾恺之《列女仁智图》中，表现女子形象时主要是露髻。露髻属大型发髻，两侧各垂下一绺头发，系束发髻的也是缯，即丝带。

步摇鬓：这里的步摇不是头上的首饰，所谓步摇鬓是指在梳髻时留下的两鬓的发绺，并使其分成树枝状，以致人在走路时，两鬓的长发梢随步晃动，进而形成一种动感之美。步摇鬓应是在西晋末年时已流行，宋代高承《事物纪原》中写："冯鉴后事云：晋永嘉中，以发为步摇之状，名曰鬓。"具体形象可以在东晋顾恺之的《女史箴图》中看到（图3-31）。

长鬓：长鬓可作为不分枝的发型区别于步摇鬓，也可以作为包括步摇鬓在内的鬓发长垂的总括。据说自汉魏至两晋六朝一直流行，实际上延续时间很长，至迟到明代还有。只是明代起多为未成年者梳制，年长者不再作此儿女态了。长鬓形象也可在《女史箴图》中找到（图3-32）。

蝉鬓：这一时期女人讲究将两鬓之发，梳理成薄薄一层，形似蝉翼。晋崔豹《古今注》中写道："魏文帝宫人绝所爱者，有莫琼树、薛夜来、田尚衣、段巧笑四人，日夕在侧。琼树乃制蝉鬓，缥缈如蝉，故曰'蝉鬓'。"另外，南朝梁徐陵《玉台新咏》也写有："妆鸣蝉之薄鬓，照堕马之垂鬟。"这种发型至唐宋诗词中还屡有描述之词。

缓鬓倾髻：《晋书·五行志》中记载："太元中，公主妇女必缓鬓倾髻，以为盛饰。"后代屡见书文记述描绘，因而今人认为是东晋孝武帝时期的一种妇女流行发型。关于具体形象，业界人士认定陕西西安草场坡出土的北魏彩绘女俑似是梳着这种发式。其整体呈现蓬松且有型，好像随意却又整齐有致。后世的"松髻"即是由鬓角处垂下两绺宽松成束的头发，应是有松缓之意，而倾髻又显现形体较大，这确实是当年

图3-30 可供参考的缯子髻摹绘

图3-31 《女史箴图》局部摹绘
步摇鬓

图3-32 《女史箴图》局部摹绘
长鬓

的盛饰（图3-33）。

流苏髻：在一本托名晋张华著《琅嬛记》中，记述"轻云鬓发甚长，每梳头，立于榻上，犹拂地，已绾髻，左右余发，各粗一指，结束作同心带，垂于两肩，以珠翠饰之，谓之'流苏髻'。于是富家女子多以青丝效其制"。中国人所唤流苏，一般意为整齐或参差不齐垂下一排或一束穗的形式，因而，皮条、丝绦、金属链并排垂下的都可用"流苏"称。流苏髻从当时记载中看，应是垂下的部分头发较长，用丝带系扎之后垂下来，但主要发髻上又插戴着诸多首饰，因而给人一种流苏的感觉。今人认定五代顾闳中《韩熙载夜宴图》中的女子发型好似流苏髻（图3-34）。

图3-33　西安草场坡出土北魏女伎乐俑显示的类似缓鬓倾髻的发型

缕鹿髻：这种发型据说是梳发于头上，盘成髻，下层大，上层小，几层堆积。今人认定东晋顾恺之《女史箴图》中对镜梳妆者的发型即为缕鹿髻。

垂髾髻：应与汉代"百合分髾髻"有异曲同工之妙。《文选·枚乘·七发》中有："杂裾垂髾，目窈心与。"注为"垂髾，髻后垂也。"在河南洛阳卜千秋墓壁画和顾恺之《女史箴图》中，不但可看到垂髾，而且还可看到衣服的杂裾式样，特别是随风飘舞的神韵，前文已有相关画面，此时不妨来看一下局部摹绘（图3-35、图3-36）。

西晋和东晋妇女的发髻趋于华丽，这种五花八门的装饰手法显然为隋唐奠定了物质及艺术精神的双重基础。

儿童有一种发型，当年称"螺结"。因为在古汉语中"结""紒"同于髻，所以我们也可以理解为形象近乎螺壳的发髻。晋崔豹《古今注》中写："童子结发，亦为螺髻，亦谓其形似螺壳。"这种发型在甘肃灵台白草坡西周墓出土的玉人上出现过，至唐为年轻女子梳制，延至宋明。

图3-34　近似流苏髻图像

图3-35　魏晋墓室壁画上的垂髾髻

图3-36　《女史箴图》中的垂髾髻

第四节 | 南北朝发型

所谓南北朝发型，应该说是显现出南朝宋、齐、梁、陈和北魏等北朝时的发型风格，但同时需要看到，这一时期的发型有两个特点，一是延续三国两晋，稍有变化又基本保持相同造型；二是南北之间是有融合的，只是文字记载下来的有关内容还是以南朝为多，尤其是仍以女子发型创新为主。

一、女子创新发型

女子发型在这一时期有许多新的式样，有些留下文字资料，有些也可以从当年的立体艺术形象上找到参考的依据，如秦罗髻、飞天髻、回心髻等。

秦罗髻：在南朝梁简文帝《倡妇怨情诗十二韵》中有诗句："仿佛帘中出，妖丽特非常。耻学秦罗髻，羞为楼上妆。"看来这是一种出自青楼女子的发型。而秦罗是汉魏期间形容如"罗敷"女一样的美丽女子。

飞天髻：《宋书·五行志》中写道："宋文帝元嘉六年，民间妇人结发者，三分发，抽其鬟直向上，谓之'飞天紒'。始自东府，流被民庶。"今人认定河南邓县南北朝墓出土的画像砖上执扇女子发型，即为环髻或飞天髻。另在河南的南北朝墓出土壁画上，也有具体形象（图3-37、图3-38）。

回心髻：《中华古今注》中记："梁武帝诏宫人梳'回心髻'。"但书的作者是五代马缟，我们将此权作参考，应是将头发分股拧编向上，盘结于头顶或头前。

图3-37 画像砖上显示的飞天髻（或称环髻）和丫髻

图3-38 壁画上显示的飞天髻（或称飞髻）

罗光鬓：这个名字也是出于后世书中，唐段成式《髻鬟品》中写到两朝宫女梳有罗光鬓，后民间仿效。名字或许是南朝时存在的，但具体样式不详。

飞鬓：《北齐·幼主》中写："妇人皆剪剔以着假鬓，而危邪之状如飞鸟，至于南面，则鬓心正西。始自宫内为之，被于四远。"看来应是一种全用假发或部分用假发梳制的高鬓，据说高可及30厘米以上，状如飞鸟。其"危邪"词汇似形容发型给人以不稳定的感觉，后世延续时间很长。还有一种说法是，飞鬓与飞天鬓为同一样式。

随云鬓：明代王可大著书《国宪家猷》中有"陈宫梳随云鬓"之句，应是说这种发型类同于飞云的样式。

三分发：从《宋书·五行志》记载看，应是飞天鬓的另一种称谓。

叉手鬓：《北史·室韦传》中记："女妇束发，作叉手鬓。"室韦，是契丹的别称，早年在中国西北至西亚一带活动。据说叉手鬓是将两边各成一鬓的头发拉至中间相交，有如叉手，故得名。

归真鬓：相传始于南朝宫中，只见后世记载，具体样式不详。

芙蓉归云鬓：相传为北魏宫女所梳，见后世记载，写到魏文帝令宫人梳百花鬓、芙蓉归云鬓。具体梳制方法及造型不详。

不聊生鬓在汉代章节里已经谈到，但是有文字显示自汉代始，却缺乏汉代形象资料。甘肃酒泉丁家闸北凉墓出土壁画上，有《乐伎与百戏图》，其中三个乐伎梳的发型被今人推测为"不聊生鬓"（图3-39）。

图3-39 《乐伎与百戏图》上显示的发型

二、少年男女发型

南朝宋刘义庆《世说新语》中曾写："王昙首年十四五……作两丸鬓，著裤褶，骑马往土山"，这里说的王昙首，既然十四五，那就是未至冠年，因为中国古人成年礼是在20岁时举行，从此将头发梳拢至头顶稍后方，以簪固定并戴冠。十几岁尚被称为童子，或被称为少年，由此说在头上梳两个圆形小鬓，左右各一，应该是童子头了。从后世唐代《酉阳杂俎》中，也可看到"……二童青衣丸鬓，夹侍立屏风侧"的记载，可以确定丸鬓是未成年发型。

需要注意的是，西晋文人梳制的丫鬓，也是两个，或竖于头顶，中间隔开些，还是相当于左右各一。只不过丫髻像树枝杈，略细长，而丸髻更倾向于两个圆球。总之，这在长时期内为未成年人发型，包括男童、男少年，也包括女童和女少年。今人认定，江苏扬州城东乡林庄唐墓出土的陶俑中，有这种类似发型。

另外，还有一种偏髾髻。《宋史·占城国传》记："撮发为髻，散垂余髾于其后。"明代杨慎《丹铅总录·冠服·偏髾髻》中写有"北齐后宫之服制，女官八品偏髾髻"。占城，是今日位于越南境内的古国，古代中原人称其为东夷。明代这本书的注中即写："髾，所交切。垂发，覆目也。盖夷中少女之饰。其四垂短发仅覆眉目，而顶心长发，绕为卧髻"，好似至宋明依然存在。偏髾髻的梳制范围，主要是少年女性。

解散髻：这是南北朝一种年轻儒生的发型。《南齐书·王俭传》中写："作解散髻，斜插帻簪，朝野慕之，相与仿效。"从记载上看，应是相当于西晋文人的一类装束，至少传至唐，因为唐代书中也有记载："王宪亦作解散髻，斜插簪。"从字面分析，这不是正统的发髻式样，梳起来比较松散，发簪也是斜插的，上面应裹的头巾，即帻，也不裹正。有些年轻儒生玩世不恭的样子，出现在三国两晋南北朝，实属正常。其他年少梳制发型可看以下几例，如：

云鬓：这是一种用膏抹头发使其固定成型的做法，因制成云片状，贴于两鬓处，所以被称为云鬓。在南朝梁沈约《少年新婚为之咏诗》中有："罗襦金薄侧，云鬓花钗举。"人们最熟悉的莫过于北朝《木兰辞》："当窗理云鬓，对镜帖花黄。"花木兰也属未婚女子，故云鬓可以被认为是年轻女儿发型，也可以理解为与前述蝉鬓近似（图3-40）。

薄鬓：薄鬓与云鬓的区别，可以说是以膏抹发使其在鬓角形成的造型不完全一样，前者可做成各种形状，主要是体现出薄片状，而后者则为云朵形。当年诗中也有很多句子予以描述，如南朝梁江洪《咏歌姬》中："宝镊间珠花，分明靓妆点。薄鬓约微黄，轻红澹铅脸。"其中宝镊与珠花是头上的首饰，而微黄、轻红和铅脸则是说黄色的佛妆、红色的胭脂与铅粉涂白的面部。如此看来，薄鬓应是指具体的发型名称。当然，在特定时候，薄鬓也可以作形容词，泛指呈薄片状的修饰好了的鬓发。总起来看，应是有虚有实，有称谓，也有修饰的用词了。

翠鬓：南朝梁丘迟《答徐侍中为人赠妇诗》中写："罗裙有长短，翠鬓无低斜。"从对仗形式看，"罗"是指质料，那么"翠"是指颜色，古时谓泛绿的黑色，即冷黑色，常见用以形容妆后的眉毛。这样来看，翠鬓可以是具体发型名称，也可以是形容词用法。据传，这种鬓式多为少年女子所梳制。

图3-40 《列女仁智图》中的云鬓或蝉鬓的局部摹绘

古诗词中的发型描绘

1.单衫杏子红，双鬓鸦雏色。

这是南北朝佚名乐府民歌《西洲曲》中的诗句。诗中借女子思念曾约会过的情人，于是又在梅花飘落的季节再去曾约会的地点——西洲，折了几枝梅花准备送给远在江北的他。女子穿着杏红色的薄薄衣衫，头上梳着乌黑发亮的发鬓，两个鬓角的头发就像小乌鸦的羽毛一样，这里明显是用诗句来强调主人公是年轻美丽的少女。

2.鬓发覆广额，双耳似连璧。

这是晋代文学家左思写的《娇女诗》中的句子。诗人有两个可爱的女儿，年龄还很小。浓密的头发覆盖着宽宽的额头，说明未到及笄之年，也就是未成年，还属"垂髫之年"。两个耳朵长得十分好看，像是一双玉璧。诗人用细腻的手法描绘两个女儿的形象和举止，宛如一幅风俗画。

3.当窗理云鬓，对镜帖花黄。

这是有名的北朝故事诗《木兰诗》（或《木兰辞》）中的一句。这句之前是"脱我战时袍，著（着）我旧时裳（装）"。在窗前明亮的地方，梳理像云一样的鬓发，然后对着镜子贴双眉之间的"花黄"（也叫"花钿"）。这样，使替父从军的花木兰又恢复了女儿的装束。结果是，"出门看火（伙）伴，火（伙）伴皆惊忙（慌）。'同行十二年，不知木兰是女郎'"。看起来，发型和服饰是可以起到伪装的作用，从而塑造一个理想的形象。

1.透过士人反传统发型，能看到哪些哲学意味？

2.这一阶段的女子发髻显现出何种趋势？

3.找出几个延续到后世的发型。

隋唐五代发型

课程名称	隋唐五代发型
教学内容	时代背景简述
	隋代发型
	唐代发型
	五代十国时期发型
课程时数	6 课时
教学目的	本章介绍隋唐五代的多样新颖造型，引导学生分析唐代发型丰富多彩的原因，使学生意识到唐代的灿烂文明、坚实的物质基础对当时世界服饰、发型文化的重要影响。进一步使学生感受文化大融合、文明大交流的多重社会现象，培养学生从时代背景看事物发展的学习能力
教学方法	讲授法
教学要求	1. 使学生了解隋唐五代时期的发型特点
	2. 使学生熟悉隋唐时期发型数不胜数、丰富多彩的主要原因
	3. 使学生掌握少数民族发型影响中原发型的原因及具体形式
	4. 使学生掌握唐代发型的样式及名称

第一节 | 时代背景简述

　　大汉、盛唐，是中国人引以为自豪的朝代。汉之后历经魏晋南北朝动乱，又迎来一个统一的岁月。公元581年，隋文帝杨坚夺取北周政权建立隋王朝，后灭陈统一中国。但隋朝仅维持30余年就灭亡了。隋代官僚李渊、李世民父子在诸多起义军中占据优势，进而消灭各部，建立唐王朝，重新组织起中央集权制的封建秩序，时值公元618年。自此300年中，经历了初唐、盛唐、中唐、晚唐几个时期。公元907年，朱温灭唐，建立梁王朝，使中国又陷入长达半个世纪的混乱分裂之中。因梁、唐、晋、汉、周五个朝廷相继而起，占据中原，连并同时出现的十余个封建小国，唐之后的这一时期在历史上被称为五代十国。

　　隋唐时期，中国南北统一。尤其是唐代，疆域辽阔，经济发达，中外交流活跃，体现出唐代政权的稳固与强大，如西北平突厥，在高昌与庭州设两个都护府，管辖天山南北及巴尔喀什湖和帕米尔高原；东北定靺鞨，设置两个都督府并任命靺鞨族首领为都督；西南安吐蕃，以文成公主嫁于松赞干布，加强汉藏人民之间的联系；在云南少数民族聚居地区设南诏政权，并输送先进文化与技术，以扶持南诏。通过"丝绸之路"打开的国际市场，为各国人民互通有无创造了条件。当时，唐代首都长安不仅君临全国，而且是亚洲经济文化中心，各国使臣、异族同胞的亲密往来，无疑促进了包括发型在内的人体装饰形象的更新与发展。发型，作为精神与物质的双重产物，与唐代文学、艺术、医学、科技等共同构成了大唐全盛时期的灿烂文明。

　　唐诗，是中国诗歌的巅峰。唐代的诗人，只列出色的诗人即如夜空中的繁星一样众多且璀璨。李白、杜甫、白居易、李贺、柳宗元、刘禹锡和杜牧、温庭筠、李商隐等一系列闪光的名字彪炳千秋。绘画上的吴道子，可谓"穷丹青之妙"，作画时能"援笔图壁，飒然风起，为天下之壮观"，而画成时则"天衣飞扬，满壁飞动"，多大的气魄。宫廷画家张萱、周昉，鞍马画家曹霸、韩干，山水画家李思训、李昭道父子和王维，风俗画家韩滉等又为后人留下多幅绝世之作。书法上有盛唐的张旭、怀素等。张旭的狂草有音乐的旋律、诗歌的激情、绘画的笔情墨趣，因艺术境界之高，获得"草圣"之誉。音乐上由于胡歌胡舞的流行，已是出现一些外来乐器和中原传统乐器的合奏。琵琶、笙、排箫、笛、筝和外来的筚篥、五弦琵琶、笙簧等，经常出现在一幅艺术品中，说明当年合奏是常态。再加上腰鼓、羯鼓、鸡娄鼓、答腊鼓和铜钹、拍板的参与，更使唐代音乐达到空前鼎盛。

唐代的服装，尤为集中显露出大唐的繁荣与辉煌。唐服之所以绚丽多彩，有诸多因素，首先是在隋代奠定了基础。隋王朝统治年代虽短，但丝织业有长足的进步。文献中记隋炀帝"盛冠服以饰其奸"，只涉及一点，他不仅使臣下嫔妃着华丽衣冠，甚至连出游途经运河时船队所用纤绳均传为丝绸所制，两岸树木以绿丝带饰其柳，以彩丝绸扎其花，足以见纺织品产量之惊人。至唐代，丝织品产地遍及全国，无论产量、质量均为前代人所不敢想象，连西晋时以斗富驰名于世的石崇、王恺也只会相形见绌，从而为唐代服装的新颖富丽提供了坚实的物质基础。再加上唐时中国与各国各民族人民广泛交往，对各国文化采取广收博采的态度，使之与本国服装融会贯通，因而更推出无数新奇美妙的冠服与佩饰。唐代服饰，特别是女子装束，不光为当时人所崇尚，甚至21世纪的人们观赏或穿上唐代的襦裙、袍衫，戴上花冠或幞头，仍然会兴奋异常，而且感到由衷的自豪。这里没有矫揉造作之态，也没有虚张声势之姿，展现在人们面前的，是充满朝气，具有博大胸怀，令人振奋又陶醉的服饰形象。其色彩也非浓艳不取，各种鲜丽的颜色争相媲美，不甘疏落寂寞，再加杂之以金银，愈显炫人眼目。其装饰图案无不鸟兽成双，花团锦簇，祥光四射，生趣盎然。唐人爱丰腴饱满的形象，花爱牡丹，马爱宽颈阔臀，而最美的美人是杨贵妃……真可谓一派大唐盛景。今人说的民族复兴、文化复兴，其中有相当大的成分是大唐文学艺术给予的底气和骨气，这无疑助长了志气。

仍以服装为例，这一阶段最突出的服装风格，除了以上所述外，主要是唐代人对外来文化广收博采的胸怀，这充分显示了大唐的自信。例如，胡服之热，遍及全国，男女老幼争以胡服为新颖。直至安史之乱以后，随着中原人对安禄山等胡臣的反感，才逐渐摒弃胡服，恢复宽袍大袖。但胡服遗韵难消，其影响已渗透于汉族习尚之中，这次的服装文化碰撞与融合不同于魏晋南北朝。唐代时引进胡服是积极的，是在基本上温和的环境中主动吸取的，这正说明唐人的气度与相当宽松的政治氛围。

另外，唐人服饰搭配非常考究，这是与发型风格一致的。由于唐代中国文化在世界上占据高位，因而唐朝的几种搭配形式也构成了在人类文化史上的经典服饰形象。其中尤为突出的是女服式样与发型、面妆流行周期短，这是一个民族文明高度发展的标志。当年女装中的袒领衫裙与女着男装在长达两千余年的封建社会中是罕见的，是完全违背儒家思想的，可以被认为是中国服饰的一度闪光。因为，这从一个角度说明了社会的宽容。与此相连的便是发型多变，设计大胆，发型流行周期短是服饰形象塑造中的重要组合部分。这些都在说明唐代人的艺术创造氛围异常活跃。当然，追本溯源还是因为唐代国力强盛，尤其是科技水平飞跃发展，对外经济、文

x

化交流广泛而又积极，加之丝绸之路至唐结出硕果，因而可以说唐代发型的发展是多民族共同努力的结果，其辉煌也成为世界艺术史中异常耀眼的一页。

第二节 | 隋代发型

隋代在历史上年代不长，但是由于隋代是经历过三国两晋南北朝长时间动荡之后的一个统一王朝，还是在各个方面显示出实力。丝绸在隋时得到大幅度发展，直接促使统治阶层的奢侈成风。尤其是历来人们谓之大肆挥霍的隋炀帝，有能力掌控开凿大运河，自然有能力提倡衣装考究，花样不断翻新，而这些无疑导致了发型的不断创新。当然，其中一些是起始于北周或更早，可是确实有一些成型于隋，并促使唐代发型艺术走向高潮的。

一、女子通用发髻

隋代的发髻名称，主要见于后世记载，如凌虚髻、祥云髻等。不过，总算给我们留下一些资料，毕竟唐至五代十国的书籍为当年人所著，他们距离隋的时间远比我们要近得多，姑且以此作为参考。

凌虚髻：从字面上看，这种发髻一定有些升腾的感觉，高髻无疑，是隋代的女子发髻。唐王叡书中写："隋有九真髻、凌虚髻"，在其他书中也有记载。

祥云髻：《中华古今注》写有："隋有凌虚髻、祥云髻。"具体梳制方法不清楚。

三饼平云髻：据说这是自北周以来的流行发式，至隋代依然时兴。是不是将头发梳制三个层次且呈扁平状，今人不得而知，只觉得故宫博物院收藏的隋代陶女舞俑的发型类似于这个名称（图4-1、图4-2）。

反首髻：对这种隋代发型，有人认为是将长发分成两股，向后梳理，再从左右两侧向上盘至头顶，使其呈现反首的样子。今人认定湖北武汉周家大湾隋墓出土的陶女俑，其发髻好似反首髻（图4-3、图4-4）。

隋代历史较短，当年记载又少，很多需依靠后

图4-1 故宫博物院藏隋代女俑的发型

图4-2 隋代女舞俑的发型　　　　图4-3 武汉隋墓出土女俑的发型　　　　图4-4 武汉隋墓女俑发型侧面

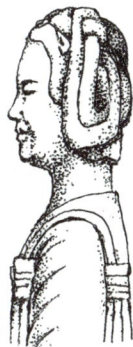

代文字资料。

二、后世记载隋宫中女子发髻

在隋以后讲到隋宫中发髻的书，主要有唐代段成式的《髻鬟品》、宇文士及的《妆台记》和五代马缟的《中华古今注》，提及的发髻可见如下：

迎唐八鬟髻：段成式说："炀帝宫有迎唐八鬟髻。"宇文士及记："炀帝令宫人梳迎唐八鬟髻，插翡翠钗子作日妆。"还有一些相近的记载，因而人们一直认为这种发髻始创于隋宫。

坐愁髻：段成式书中记载："（炀帝宫）又梳翻荷髻、坐愁髻。"具体样式不详。值得注意的是，宇文士及书中写："（炀帝）又令梳翻荷髻，作啼妆；坐愁髻，作红妆。"看来发型与化妆配套的讲究已经形成模式。

翻荷髻：前述段成式书中记载，隋炀帝宫中有翻荷髻。宇文士及书中也有记载，只是不知其具体梳制程序和最后效果。或许因状如荷叶而被称为翻荷，其样式一定是好似荷叶翻卷的样子。今人认定陕西历史博物馆藏隋女陶俑所梳发型类于翻荷髻（图4-5~图4-7）。

归秦髻：马缟书中有"隋大业中，令宫人梳……归秦髻"句，具体样式不详，或许有复古倾向？

朝云近香髻：马缟在书中写："隋大业中，令宫人梳朝云近香髻"。有人认为唐吴道子所画的《八十七神仙卷》中女子有梳这种髻式的（图4-8~图4-11）。

节晕髻：与上同出于马缟书。

九贞髻：段成式和宇文士及书中均记有这种发髻，只是音同字不同，一为"女贞"，一为"女真"。

图 4-5 陕西历史博物馆隋
代女俑的翻荷髻

图 4-6 隋女俑翻荷髻侧面形象

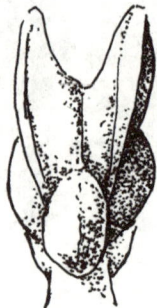

图 4-7 隋女俑翻荷髻背面形象

图 4-8 《八十七神仙卷》中显示众发型形象

图 4-9 《八十七神仙卷》中显示发型 1

图 4-10 《八十七神仙卷》中显示
发型 2

图 4-11 《八十七神仙
卷》中朝云近香髻摹拟

　　如果说隋代发型的创新是唐代发型大发展的前行铺垫，毫不为过。唐代，即将
迎来一个发型艺术空前发展的新阶段。

第三节 | 唐代发型

可以这样说，唐代作为中国封建社会的巅峰时期，很多成果水平都达到前所未有的高度。大家通常熟知的如诗词、书法、绘画、舞蹈等，服饰文化也成为中国服饰史上最璀璨的一页，因而与之同生的发型，自然是丰富多样，呈现出前代难以想象的五彩缤纷、姿态万千的情境。

一、女子高型发髻

高髻：所谓"高髻"，有可能是一种特定发髻的名称，但是更有可能是对于高大发髻的总称。因为诗句中多处出现"高髻"二字，却不能排除是诗人对高大发髻的形容用词或概括用词。尽管唐诗中频繁出现高髻之说，可是，早在《后汉书·马援传》中即已经出现过"城中好高髻，四方高一尺"的说法，汉时显然是作为形容词来使用的。只不过，唐代高型发髻出现的频率高，且样式不断翻新，因而在诗人笔下也出现得多。例如，唐代万楚"插花向高髻"，孟简"高髻若黄鹂"等句。这种高型发髻的流行，应是贯穿唐三百年。也就是说，流行何种样式的发髻，都未能阻止高大的发髻几度兴起（图4-12、图4-13）。

峨髻：这是具体髻式的名称，峨取巍峨之意，显然是高型发髻（图4-14~图4-16）。唐李贺诗云："金翘峨髻愁暮云，沓飒起舞真珠裙。"今人认定唐周昉《簪花仕女图》中人物发型为峨髻，确实有山的高大雄伟，但是也有人因画中仕女头戴金银花饰，将其归为花髻。

凌云髻：髻有凌云之势，想必是高型发髻。唐冯贽《南部烟花记·桂宫》中记："丽华被素袿裳，梳凌云髻。"

图4-12　新疆阿斯塔那唐墓壁画上的发型

图4-13　唐墓壁画上显示的高髻

图 4-14 《簪花仕女图》
中人物发型 1

图 4-15 《簪花仕女图》中人物发型 2

图 4-16 《簪花仕女
图》中人物发型 3

　　侧髻：这种发髻在隋代时已有。北朝至隋之诗人卢思道诗中写："侧髻似能飞"，
应是高高竖立在头顶，然后向侧上方伸去再舒缓而垂的式样。今人认定唐周昉的
《调琴啜茗图》中即有这种发髻（图 4-17、图 4-18）。

　　鸾凤髻：唐刘禹锡诗云："松鬓改梳鸾凤髻"，或许发髻似凤鸟，或许高髻上插
金银鸾凤形首饰。

　　刀髻：形象像片状的高髻，有单刀和双刀之分，还有再加上"半翻"两字的。
今人认定陕西乾县永泰公主墓和礼泉县张士贵墓出土的女俑有梳这种发髻的，士庶
间妇女中好像未流行（图 4-19、图 4-20）。

　　双环望仙髻：双环高髻也属于这一类，有人说起源于隋，总之自唐至宋一直存
在。唐宇文士及和段成式书中记载，应是先从玄宗时宫中传出，后来贵族女子仿效，
盛极一时。一般将头发卷成两个发环，立在头顶，有的还将余发垂下，动感十足。
今人认定陕西西安羊头镇唐李爽墓壁画上有这种式样（图 4-21），湖北武昌唐墓出土

图 4-17 《调琴啜茗图》中显
示的侧髻

图 4-18 《调琴啜茗图》中梳
侧髻并戴花饰的人物形象

图 4-19 唐女
舞俑显示的刀髻
（或称半翻髻）

图 4-20 唐女舞
俑显示的高髻（或
称刀髻、半翻髻）

女俑也梳此髻（图4-22、图4-23）。

图4-21　陕西唐李爽墓壁画上的双环望仙髻

图4-22　湖北武昌唐墓出土女俑显示的双环望仙髻

图4-23　湖北武昌唐墓出土的女俑双环望仙髻背面

宝髻：从字面上看，梳这种发髻时多插以花钿、玉蝉、钗簪、金玉花枝等首饰（图4-24）。唐玄宗在《好时光》中写道："宝髻偏宜宫样"，韦庄词曰："玉蝉金雀，宝髻花簇鸣珰，绣衣长。"当然，宝髻也可能是对美丽发髻的赞誉称谓，李白曾在诗中写："山花插宝髻，石竹绣罗衣。"这显然是一种泛称。

图4-24　陕西西安市郊唐安国寺遗址出土大理石菩萨像显示的民间宝髻形象

九骑仙髻：这是唐代宫女嫔妃、舞姬表演时梳制的一种发型。据唐郑嵎的《津阳门诗》序中说："上始以诞圣日为千秋节，……令宫妓梳九骑仙髻，衣孔雀翠衣，佩七宝璎珞，为《霓裳羽衣》之类。曲终，珠翠可扫。"看来这种发型是随着丝绸之路的辉煌成果而形成的，是中原与西域文化交流的结晶。

半翻髻：应是由前翻荷髻演变而来。梳制时将头发总至头顶，然后向一侧翻转，使其具有一定高度，初唐时最为流行。段成式和宇文士及书中都说，唐武德年间宫中有半翻髻。今人认定陕西西安唐墓中女俑梳这种样式的发髻（图4-25）。

其他高型发髻，还有流行于初唐的"百合髻"，流行于盛唐的"交心髻"，以及"长乐髻""百叶髻"等。唐元稹《梦游春七十韵》诗中的"丛梳百叶髻，金蓑重台屦"给我们留下了无尽美好的遐想（图4-26、图4-27）。

图4-25　陕西西安唐墓出土女俑的半翻髻或乌蛮髻

图 4-26 新疆阿斯塔那唐
墓出土女俑显示的百合髻

图 4-27 唐墓壁画上显示的多种
发髻

二、女子各色发髻

唐代女子的发髻样式与名称，好像数不胜数，太丰富多彩了。我们在这里历数
女子高型发髻之外的各色发髻，也只能简述几种，如云髻、倭堕髻、翔凤髻等。

云髻：云髻可以作为具体名称，这种样式在三国时就已出现，也可以被看作是
对女子发髻的美称，因为历代文人都有将女性头发誉为"乌云""堆云""朵云"的。
唐阎立本《步辇图》中宫女发髻是典型的云片状。白居易诗中即有"行摇云髻花钿
节"句。

倭堕髻：晋代崔豹在书中写过倭堕髻，他说堕马髻至晋不存在了，那时便出现
了倭堕，是堕马髻的余形，古乐府诗中确实出现过"头上倭堕髻"句，但是到唐代
特别流行。唐墓出土陶女俑，多见这种髻式。具体梳法为将头发梳至脑后，再掠至
头顶，然后绾成一个或两个髻，直向额前垂下，当年曾被作为"宫样妆"（图4-28~
图4-30）。

翔凤髻（一说形似鸾凤髻）：唐刘禹锡《和乐天柘枝》："松鬓改梳鸾凤髻，新衫
别织斗鸡纱。鼓催残拍腰身软，汗透罗衣雨点花。"唐代诗中有此发髻名称，但是没
有更多描述，能被认定为翔凤髻的好似在四川成都五代王建墓出土的石刻形象上。

抛家髻：该发髻名称在段成式书中出现，另《新唐书》中写得更细。书中记：
"唐末，京都妇人梳发，以两鬓抱面，状如椎髻，时谓之'抛家髻'。"今人认定唐周
昉《挥扇仕女图》上女子发髻应该是抛家髻。从形象和字义上看，除两鬓抱面之外，
头顶还有竖起的一个长髻，高起再向一侧伸展（图4-31）。

归顺髻与闹扫妆髻：唐段成式和宇文士及书中都记：贞元中，梳归顺髻，帖五

图 4-28　陕西西安唐墓出土女俑
　　　　的倭堕髻（亦有称乌蛮髻）

图 4-29　唐女俑的倭堕髻

图 4-30　唐女俑的倭堕髻（亦有
　　　　称乌蛮髻）

色花子，又有闹扫妆髻。唐张氏女诗中写："鬟梳闹扫学宫妆，独立闲庭纳夜凉。手把玉簪敲砌竹，清歌一曲月如霜。"据说髻式蓬松，呈随意且杂乱的样子。这种样式出现在唐代，可以想象出当时妇女大胆创新的艺术构思是前所未有的。

图 4-31　唐女俑显示的抛家髻

　　慵来髻：也称慵妆髻，或许最初是唐女平时随手绾成的简便发髻，后来被人们发现很有慵懒的休闲味道，竟然成为一种时尚发型。唐罗虬《比红儿诗》中有："轻梳小髻号慵来，巧中君心不用媒。"

　　圆鬟椎髻：《新唐书·五行志》中写："元和末，妇人为圆鬟椎髻，不设鬟饰，不施朱粉，惟以乌膏注唇，状似悲啼者。圆鬟者，上不自树也。"看来这是一种怪异的发型，与当年一套怪异的化妆相匹配。唐白居易在《时世妆》诗中写："时世妆，时世妆，出自城中传四方。时世流行无远近，腮不施朱面无粉。乌膏注唇唇似泥，双眉画作八字低。"写到发型和化妆同时呈现的时候，写有："圆鬟无鬓堆髻样，斜红不晕赭面状"。很显然，诗人是反对这种妆容的，诗中说："妍媸黑白失本态，妆成尽似含悲啼。"但时尚女性一定非常热衷，这也是大唐妆容太过繁复以致登峰造极之后走向另一个极端的典型。

　　堕马髻：这种发髻虽始于东汉，但是至唐代天宝年间颇为盛行，特别是在贞元年间大为流行。自汉经魏晋至唐，堕马髻样式发生了一些变化，只是偏侧和垂下的形态一直保留着，至明代还有咏堕马髻的诗句。总起来看，所谓堕马髻，实际上主要是选用不对称的样式，打破整体的圆浑饱满，而代之以一侧垂下，好似美人从马上跌落，将发髻摔偏，由此创造出一种不同寻常的造型。正是这种有些隐喻此前过程的发式，引起许多人的联想，因而也极易使人体味到变化所产生的美感。堕马髻在唐代宫廷画家所绘的《调琴啜茗图》《虢国夫人游春图》和《挥扇仕女图》中多处可见（图4-32~图4-35）。

除以上所述之外，唐代还有"愁来髻"，相传为杨贵妃所作。"平蕃髻"或许与政事有关。"盘鸦髻"，后代有说即是闹扫妆髻。还有"步摇髻""偏梳朵子""垂髻""元宝髻""三环髻""四环髻"等。值得一提的是"佛髻"。自西汉末年佛教传入中国以来，至南北朝形成大规模，唐代则佛、道两教并行。这样一来，释迦牟尼形象就出现在许多石窟、寺庙之中，深深地嵌入中国艺术之中。因而，唐女发髻样式中不知不觉地出现了"佛髻"。佛髻流行至民间，形成一种盘旋向上呈螺壳状的发髻，唐李商隐诗写："仙眉琼作叶，佛髻钿为螺。"这充分体现出唐女既有大文化背景影响，又有大胆创新、广收博采的气魄和意识（图4-36~图4-40）。

图4-32 《调琴啜茗图》中显示的堕马髻

图4-33 《虢国夫人游春图》中显示的发型

图4-34 《虢国夫人游春图》中显示的堕马髻

图4-35 《挥扇仕女图》中显示的堕马髻

图4-36 陕西西安高楼村唐墓出土女俑显示的高大发型

图4-37 唐人《宫乐图》显示的各式发型

图4-38 唐《弈棋仕女图》中的各式发型

图 4-39 唐代艺术作品中显示的发型摹绘 1

图 4-40 唐代艺术作品中显示的发型摹绘 2

三、儿童及未婚少女发髻

由于唐代发型太过丰富，因而未成年人的发型式样也很多。有的前代已经出现，至唐加以演变使之呈现新花样，有的则是唐三百年间的发型，如双垂髻、四环髻等。

双垂髻：这种发型一直作为未婚女子或侍婢梳用的样式，唐至五代的陶俑中出现过最接近的发型。具体梳法是将头发从头顶分成左右两部分，然后各盘成一个发髻，自然垂下。梳成之后的样子，使女童或女少年颇显稚气、灵动、可爱。唐代绘画中不乏梳这种发型的侍婢，有的也被称为"垂练髻"（图 4-41）。

四环髻：这也是一种侍婢或童子梳制的发髻，主要是将头发分成四股，梳成四个环髻。可竖在头顶，亦可垂于两侧耳后。这种发髻在三国两晋南北朝时已经出现，唐代所用更多。今人认定一般以北魏司马金龙墓壁画和唐张萱《捣练图》上的形象为依据。

双环顶髻：看来环髻最显稚嫩且活泼的身姿，因而双环顶髻也是为年轻姑娘和稍大一点的女童所常用。唐刘禹锡诗中的"双鬟梳顶髻"即是指这种发式。今人认定陕西西安羊头镇唐李爽墓壁画上即有类似发髻。陕西省长寿县（今长寿区）唐墓出土女俑梳着的发式也叫"双环髻"（图 4-42）。

鸦髻：即"丫髻"，唐以前流行多代，至唐时依然为未婚少女所喜爱。唐李白诗曰："黄头奴子双鸦鬟"，陆龟蒙诗写："倭堕鸦鬟出茧眉"，李商隐则云："柳枝丫鬟毕妆，抱立扇下，风鄣一袖"。古画、古陶俑中，鸦髻形象非常多。

双垂环髻：与上述几种发髻类似，多为侍女、童仆和未婚少女梳用。

五辫髻：这应该是男性童仆的发髻样式，在《隋书》《旧唐书》《新唐书》中均有几近相同的记载。例如，《旧唐书》中说："五辫髻，青裤褶，青耳屏，羊车小史服之。"今人认定甘肃敦煌莫高窟唐代壁画上有一马童，或许梳的就是这种发髻。历代雕塑中也不乏童仆作此髻式。

总角髻：与上相同，这种发髻也是为男童梳制。《旧唐书》中记："总角髻，青裤褶，漏刻生、漏童服之。"看来这是古代专门看管计时沙漏的值日生发型。

三角髻：这种髻式在前代已经出现，至唐代多为少女梳制，且主要为侍女。河南省洛阳涧西谷水第六号唐墓出土的三彩俑发型比较有代表性（图4-43）。

图 4-41　唐画中的双垂髻或称"垂练髻"

图 4-42　陕西长寿县唐墓出土女俑显示的发型

图 4-43　唐女俑显示的三角髻

儿童和未婚少女发型不限于这几种，但总起来看，变化不是很大，也不牵涉更多首饰。简单、相似，显示出稚气满满是统一特点。

四、冠式假髻（义髻）

在中国惯用词汇中，通常将非原本的即后来人为造成的关系或人体某部分称作"义"，如义父、义子和义齿、义肢。人体后安上的也俗称假牙、假肢。从这种用法来看，中国古人有假髻之说，也有义髻之谓，就纯属情理之中了。

在商代规制发髻中，我们列出假髻，中国古人还有一种说法叫"蔽髻"，都是用别人头发或黑色丝线经人工制成再戴在人的头上的。唐代的假髻礼仪意义减弱，时尚扮美成分明显多了。例如：

假髻：这种称谓既有广义概括之说，亦有狭义专指一种人造发髻之用。南朝宋人何法盛在《晋中兴书》一书中曾记："太元中，公主妇人缓鬓假髻，以为盛饰。用发多，不可恒戴，乃先于笼上装之，名曰'假髻'，或名'假头'。"唐代多称义髻。

义髻：《新唐书》中讲："杨贵妃常以假髻为首饰，而好服黄裙。近服妖也。时人为之语曰：'义髻抛河里，黄裙逐水流。'"看来假髻也被人们当作首饰用，当然是搭配成一套的装饰了。

漆髻：《新唐书》中记载，当年的舞蹈者，冠进德冠，紫裤褶，长袖、漆髻，屣履而舞。《旧唐书》上也有类似描述，均说舞人，而且漆髻上装饰着金铜杂花，状如雀钗，有的还在漆上绘出各式花纹图案。新疆阿斯塔那唐墓曾出土过木质漆髻，上面确实用彩漆画上卷云等花纹，看来漆髻的装饰性更强，也愈益发展为冠式假髻了。

囚髻：这种假髻名称，先是出现在《新唐书》中，据记始于唐僖宗时，时称"囚髻"。至宋代时，《云麓漫钞》上有一段较为详细的记载："唐末丧乱。自乾符后，宫娥宦官皆用木围头，以纸绢为衬，用铜铁为骨，就其上制成而戴之，取其缓急之便，不暇如平时对镜系裹也。"看来这种假髻，取其方便为首要原因，而装饰的意愿体现并不多。至于样式，好像是先做成一个帽子，束在顶上，戴摘都很方便。至于为何叫囚髻，则历代说法不同，应相信是唐代末年发型。

五、影响中原的少数民族发型

从汉至唐的丝绸之路，给唐代带来了经济的昌盛和文化的繁荣，特别是西域少数民族的服饰形象，首先引起了中原汉族人的莫大兴趣，进而以极快的速度仿效并加以发挥改进，使之颇具异域色彩而又不失本国情调。从发型艺术造型来说，各少数民族文化无疑给中原吹进一股新奇的风。

影响中原的少数民族发型主要有如下几种。

乌蛮髻：唐袁郊《甘泽谣·红线》中写："乃入闺房，饰其行具。梳乌蛮髻，攒金凤钗，衣紫绣短袍，系青丝轻履。"从这全身装扮形象看，带有游牧民族或山间水边劳动者的服饰特点，完全不是中原传统女装。乌蛮髻是高高扎在头顶，呈尖尖向上状的，看起来很利落。今人认定新疆吐鲁番出土的唐骑马女陶俑中有这种发式，可是也有人认定其他式样的为乌蛮髻。这里选取三种造型作为参考，还有其他被认定为乌蛮髻的，总之乌蛮髻是一种受外来文化影响的发型。正因此，在吸收演化过程中可能会出现多种具体形象（图4-44~图4-47）。

回鹘髻：盛唐时期，中原女子受西域回鹘妇女衣装影响很大，故而发型也先学习后改进，形成带有中原古发型痕迹的回鹘髻（图4-48~图4-50）。其形制主要是将头发集束在头顶，顶上可罩一桃形小冠，也可不罩。今人认定河南洛阳关林第59号

图 4-44 唐陶女俑显示的发型

图 4-45 唐泥女俑显示的发型

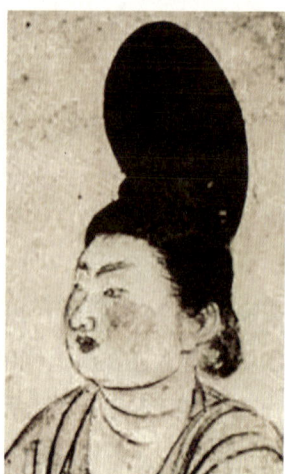

图 4-46 唐代壁画上显示的发型

唐墓出土的三彩陶俑中，即有梳这种式样发髻的。

小髻：唐玄奘《大唐西域记》里曾记："（滥波国人）顶为小髻，余发垂下，或有剪髭，别为诡俗。"看来玄奘认为这是一种异族的怪异发型。可是，唐罗虬诗中又写："轻梳小髻号慵来"，是否中原慵来髻是在此小髻基础上演变而来的呢？抑或是所谓"小髻"只不过是与稍大型发髻相比较而言？总之，这种小髻多呈一个、两个或数个球状髻，也许是受到过西域民族发型的浸润（图4-51、图4-52）。

唐代时，凡有少数民族发型元素的常被称为"胡髻"，与胡服相配，一时成为风尚。

图 4-47 唐彩绘女乐骑俑显示的发型

图 4-48 湖北武昌唐墓出土女俑显示的回鹘髻

图 4-49 河南洛阳唐墓出土女俑显示的回鹘髻

图 4-50　甘肃安西五代墓出土壁画
　　　　人物的回鹘髻

图 4-51　唐房陵大长公主
　　　　墓出土壁画中的小髻发型

图 4-52　唐房陵大长公主墓
　　　　出土壁画中的另一种小髻发型

第四节 ｜ 五代十国时期发型

　　唐以后的五代时期，由于后梁、后唐、后晋、后汉、后周朝代更替太快，加之同时存在的十国，故而记载中留存的当年发型资料不算多。好在五代十国的发型基本沿袭唐末，因而可以从零星的资料中理出一些印迹。

　　五代的发髻，有的即从唐代发髻直接延续下来，如唐代的峨髻，在当代发掘江苏南京南唐李昇墓时，发现有梳着峨髻的女陶俑，据说五代仍然流行。再如唐代的凤髻，或称鸾凤髻，在南唐冯延巳《如梦令·尘拂玉台鸾镜》诗中有"凤髻不堪重整"句，后蜀欧阳炯《凤楼春》中也有"凤髻绿云丛"句，可以是梳成凤首样儿，也可以髻上插戴鸾凤形金饰。

　　另外，唐代中原引用少数民族的回鹘髻，也延至五代。后蜀花蕊夫人《宫词》有："回鹘衣装回鹘马，就中偏称小腰身。"很显然，这一身服饰形象中应包括回鹘髻，而且"小腰身"也明确提出区别于中原的襦裙装。《新五代史·回鹘传》里描写了这种发髻的具体样式与梳法："妇人总发为髻，高五六寸，以红绢囊之；既嫁，则加毡帽。"或许在回鹘族那里，五代时期的这种髻多为已婚女子梳制。

　　花蕊夫人在《宫词》中，多处提到发型，如"新赐云鬟便上头""慢梳鬟髻著轻红"等。作为亲历五代的诗人、花蕊夫人所叙述描绘的发髻应该是真实的，只是不知这里的"云鬟""云髻"是具体名称呢？还是泛称？我们只能作双解。

最令人遗憾的是，五代后唐马缟作《中华古今注》，记录发型非常详细，专有一段"头髻"，但是却仅写到唐。既然是"古今注"为什么没有五代十国时期当年的发髻呢？好在那一时期的绘画留下几幅，其中包括南唐画家顾闳中的《韩熙载夜宴图》，南唐画家周文矩的《重屏会棋图》《宫中图》《琉璃堂人物图》，以及五代十国阮郜的《阆苑女仙图》等，展现出与唐代末年大致相同的女子发型（图4-53~图4-60）。

这一讲的发型重点在于唐，唐时的发型最显奇思妙想和广集博采。

图4-53 《韩熙载夜宴图》中显示的发型1

图4-54 《韩熙载夜宴图》中显示的发型2

图4-55 《韩熙载夜宴图》中显示的发型3

图4-56 《韩熙载夜宴图》中显示的发型4

图4-57 《韩熙载夜宴图》中显示的发型5

图4-58 《宫中图》中显示的发型

图 4-59 《琉璃堂人物图》
中显示的发型

图 4-60 《阆苑女仙图》中显示的发型

延展阅读

古诗词中的发型描绘

1.云鬟飘萧绿，花颜旖旎红。

这句诗出自唐代白居易的《筝》。诗人描写弹筝女的美好形象，说她头上梳着乌黑的云一般婉转的发鬟。系束发鬟的是一条绿色的发带，发带像绿色的叶子般充满生机，衬托出她如花的容貌，就像旖旎的风光一样展示出天然的美。

2.学梳松鬓试新裙。

唐代诗人韩偓的《新上头》中描写了一位刚刚成年又即将要出嫁的少女。少女学着梳理薄轻柔美的蝉鬓，并在试穿新做的裙子。这句话既刻画出了少女对此新鲜而又生疏的心理状态，同时烘托出她试新装时的兴奋激动。由于诗中还反映了她疑惑不定的心态，于是"遍将宜称问傍人"，描画出一个活生生的刚学梳头的小女子。

3.山花插宝髻，石竹绣罗衣。

这句诗出自唐代诗人李白的《宫中行乐词八首》。诗人在描写一位年幼的宫女，她还不知道今后会面临怎样的生活。宝髻是唐人对高发髻的称谓，一般多插戴花钿、金雀、玉蝉、簪钗、金玉花叶等首饰，可是小宫女却在高高的发髻上插满了山花。诗人正是通过异样的发髻装饰描绘出不谙世事的宫女，石竹纹样的裙子也衬托出天然去雕饰之美。

4.倭堕低梳髻，连娟细扫眉。

这句出自唐代温庭筠的《南歌子·倭堕低梳髻》词。倭堕即指倭堕髻。在崔豹《古今注·杂注》中曾记有"倭堕髻，一云堕马髻之余形也"，髻低垂至脑后。而"连娟"指弯曲且纤细的眼眉。仅这短短的对偶句，一"低"、一"细"即勾勒出一个柔婉娴静的女子，以及那"冶容多姿鬓"的美貌。

5.扑蕊添黄子，呵花满翠鬟。

唐代温庭筠在《南歌子·扑蕊添黄子》中通过补妆和插头花的动作表现出一位活泼可爱的妙龄女子。古人以黄色的花蕊制成额黄，涂抹在额头。这里是描写少女在扑摘花蕊，将其补添在额间；又用口吐出热气，呵在鲜花上，或呵去花上露珠；然后将花细心地插满环形的发鬟。一个青春气息颇浓的少女与大自然融合在一起。

6.一丛高鬟绿云光，官样轻轻淡淡黄。

唐代王涯在《宫词三十首》第七首中，描绘了宫中女子装饰的华艳娇贵。"一丛"应是指头发梳成发鬟的样子，"高鬟"肯定是发鬟高高竖起，鬟角齐整高提。"绿云"可指乌发，因为古人在描写头发和眼眉时常用绿喻黑，似与螺黛黑中泛绿有关；也可指绿色的玉饰。这样的发鬟头饰配上宫廷时兴的淡黄裙衫，显得高贵大气，不同凡响。

课后练习题

1.唐代发型突出表现出什么特点？
2.列举一两个唐代发髻来分析其装饰性。
3.选取两段描述发髻的诗句，谈一谈感受。

第五讲

——

发型 宋辽金元

课程名称	宋辽金元发型
教学内容	时代背景简述 宋代发型 辽·契丹族发型 金·女真族发型 元代发型
课程时数	6课时
教学目的	本章介绍宋辽金元时期的发型特点，结合本时期多民族掌握政权的历史背景，描述了具有民族差异的发型形象。使学生了解活跃的海上丝绸之路，对日常民众发型装束及日用习尚的主要影响。让学生认识到宋代程朱理学对人们思想的束缚，以及造成的服饰发型的拘谨与保守。帮助学生认识到社会发展、时代特点对发型特征影响的重要性
教学方法	讲授法
教学要求	1. 使学生了解宋代不同人群的发型特点 2. 使学生熟悉契丹、女真、蒙古族的发型特点 3. 使学生掌握海上丝绸之路对民众发型装束的影响因素 4. 使学生理解理学思想对该时期发型的影响

第一节 ｜ 时代背景简述

宋辽金元时期，仅从字面上即可看出，这一时期政权是由多民族掌握的，因而自然关乎发型上的民族差异。公元960年，后周禁军赵匡胤发动"陈桥兵变"，夺取后周政权，建立宋王朝，基本完成了中原和南方的统一，定都汴梁（今河南开封），史称北宋。当时，在中国北部地区尚有契丹族建立的大辽、党项族建立的西夏等几个少数民族政权。公元1127年，东北地区的女真族利用宋王朝内部危机，攻入汴梁，掳走北宋徽钦二帝。钦宗之弟康王赵构南越长江，在临安（今浙江杭州）登基称帝，史称南宋。自此，中国又形成南北宋金对峙局面。正当中原地区宋金纷争不已之时，北方蒙古族开始崛起于漠北高原，成吉思汗统一蒙古各部，并开始东征和统一全国的行动。成吉思汗及后辈先后灭西辽、高昌、西夏、金、大理、吐蕃等少数民族政权，进而灭亡南宋，统一全国。后来，忽必烈继位，国号为元。自宋起至元末共经历了400余年。

这一时期各方面发展极不平衡，北宋工商经济异军突起，农业与手工业发展迅猛，汴梁城镇经济繁华。南宋苟延残喘但占据江南鱼米之乡，也有偏安王朝的文化与经济盛况。但是，总体来看政治形势远不及唐代巩固、稳定，因而某些歌舞升平也是满载着复杂因素的。元代大一统局面之中，或许因为疆域过于辽阔，所以显得国事管理有些混乱。

汉族与契丹族、女真族、党项族、蒙古族民众在四百年中各自为捍卫其领土与主权或是企图扩张统一全国而展开殊死搏斗，从而产生了许多名垂千古的民族英雄。各族人民之间的交往，也非常频繁。只因经济交流的主要渠道是索纳贡赋或领地易主，因而民族之间对于互为吸取有抵制情绪。虽然元世祖也曾采用汉法，但很多政令是通过血腥镇压而得以些微推进的，不似唐王朝在平等友好气氛之中的经济与文化交流。从发型来看，尽管各民族互相吸收，可是基本仍各自保留其本民族的特点。

在对外贸易上，宋元较之唐代为盛，由于陆上"丝绸之路"受阻，海上"丝绸之路"开始活跃起来。其中主要贸易区域为阿拉伯诸国、波斯、日本、朝鲜、南洋群岛和印度等。宋人以金、银、铜、铅、锡、杂色丝绸和瓷器等，换取外商的香料、药物、犀角、象牙、珊瑚、珠宝、玻璃、玛瑙、水精（晶）、蕃布等商品，对中国发型装束及日用习尚产生了很大影响。

两宋时期的统治思想是理学，理学又叫道学，是以程颢、程颐兄弟与朱熹为代表的，是以儒学为核心的儒、道、佛互相渗透的思想体系，学术界称为"程朱理学"。这里提出一个"理"的哲学范畴，认为"父子、君臣，天下之常理，无所逃于天地之间"。宣扬"三纲五常，仁义为本"，强调要"存天理而灭人欲"。这种哲学体系影响到美学理论，出现了宋特别是南宋一代理性之美，诸如建筑上用白墙黑瓦与木质本色，绘画上多水墨淡彩，陶瓷上突出单色釉，服装发型上即趋于拘谨、保守，色彩也一反唐代浓艳鲜丽，从而形成淡雅恬静之风。当时，不少文人提倡服饰上要简练、质朴、洁净、自然，反对过分豪华，因而发型也相对简洁，特别是首饰减少。例如，袁采著《袁氏世范》讲："惟务洁净，尤不可异众。"甚至高宗对辅臣说："金翠为妇人服饰，不惟靡货害物，而侈靡之习，实关风化。已戒中外，及下令不许入宫门，今无一人犯者。"即使宋徽宗在绝笔词中，也羡其清淡舒雅之美，宋徽宗词以杏花拟人，写道："裁剪冰绡，轻叠数重，淡著胭脂匀注。新样靓妆，艳溢香融，羞杀蕊珠宫女。"宋代的审美倾向是与大环境的总体气氛分不开的。

由于两宋期间丝织业大为发展，丝织品的产量、质量与花色品种都有较大幅度的增长与提高。品种如锦一类即有40余种，另有罗、绢、绫、纱、绮等，其中尤以缂丝最为费工，也最能表现微妙变化。纹样中有缠枝葡萄、如意牡丹、百花孔雀、遍地杂花、霞云鸾、穿花凤、宝相花、天马、樱桃、金鱼、荷花、团花及梅、兰、竹、菊等。另有寓以吉祥含意的锦上添花、春光明媚、仙鹤、百蝶、寿字等具有民间趣味的图案。宋代刺绣业也十分发达，不仅博物馆现藏的宋绣画针线细密，设色精妙，山西南宋墓出土的刺绣抹胸、上衣、裙带等更是纯朴生动、光彩耀目。连同染缬等工艺也皆为精巧玲珑、整齐秀丽。但相对来说，服式变化不大，远不及唐代开放，服色与佩饰也不如唐代华美富贵。宋元因儿童题材的绘画较多，所以留下许多写实的儿童服饰发型形象。这一点对于发型研究或许是有利的，由于民俗画的兴起，儿童题材的画面恰恰给我们留下许多当年的发型及梳制细节。

第二节 | 宋代发型

宋代是中国封建社会开始进入成熟的时期，汉文化已深深植根于各个领域。由于海上丝绸之路的开通和城镇经济的兴起，必然使宋代发型艺术又迎来一个新的发展空间。女子发髻仍是这一阶段的重中之重，出现了许多中国古代的典型式样，而且得以流传下来。

一、成年女子发型

宋代成年女子发髻，其中将近一半是宋以前就有，如由唐传至宋又延续至明清的，另外一些则是宋代正式出现并流行开来的。总起来看，宋代女子发髻较拘谨，不太讲求夸张，可谓中规中矩，如高椎髻、罗髻、盘福龙髻等。

高椎髻：这是一种高型发髻，宋代初年兴起。有人觉得真发不够多，难以梳成高型，也加入一些假发，使其达到一定高度（图5-1、图5-2）。《宋史·舆服志》记载，宋太宗端拱二年朝廷曾下令："妇人假髻并宜禁断，仍不得作高髻及高冠"，可

图 5-1　山西晋祠圣母殿彩塑人物显示的高椎髻

图 5-2　山西晋祠圣母殿彩塑人物相关发型

是民间依然梳制。今人认定山西晋祠圣母殿宋代彩泥塑人物中有梳这种发型的。

罗髻：前代曾出现过，只是宋代特别流行。宋苏轼诗中写道："分无素手簪罗髻，且折霜蕤浸玉醅。"

盘福龙髻：这种发髻是宋代崇宁年间所创，呈扁型（图5-3、图5-4）。据说不太

图5-3 《女孝经图》中显示的盘福龙髻

图5-4 《女孝经图》中显示的女子发型

影响睡眠，故而可归为卧髻一类。今人认定宋人《女孝经图》中有相近样式。

大盘髻：宋代时流行的发式，应是将头发紧紧扎束，盘成五围，再用簪钗或发网固定。今人认定宋李嵩《听阮图》中妇女有梳这种发髻的（图5-5）。

朝天髻：《宋史》中记："建隆初，蜀孟昶末年，妇女竞治发为高髻，号'朝天髻'。"这种发髻虽不是起始于宋，却成为宋代的典型发髻，因为山西太原晋祠宋代彩泥塑真人大小侍女像中，有不少梳的是朝天髻（图5-6~图5-9）。

包髻：所谓包髻，即是发髻做好后，用色绢、缯一类布帛，将其包扎起来。这在宋孟元老著的《东京梦华录》和宋刘宗古绘的《瑶台步月图》中都有文字描述与具体视觉形象，晋祠彩塑人像中也有包髻发型（图5-10、图5-11）。

芭蕉髻：发型本身为椭圆形，梳成后围绕发髻四周饰以绿翠首饰。这种发髻在《瑶台步月图》中即有，只是图过小时很难清楚地看到（图5-12）。

图 5-5　宋李嵩《听阮图》中显示
的大盘髻

图 5-6　山西晋祠圣母殿彩塑人像
中的朝天髻

图 5-7　梳朝天髻并簪花的女子
形象摹绘

图 5-8　山西晋祠圣母殿彩塑人像排列情景

图 5-9　彩塑人物整体形象摹绘

图 5-10　《瑶台步月图》中的包髻形象

图 5-11　晋祠
彩塑人物的包
髻形象

图 5-12　《瑶台步月图》主要
人物形象摹绘

双蟠髻：即两个环状发髻居于脑后，而且环心还很大。除首饰外，也以彩色缯带系扎。苏轼词中有"绀绾双蟠髻"，或许是描述这种蟠螭状的发髻是用暗红色系带绾结的。今人认定宋《半闲秋兴图》中即有这种发式（图5-13）。

云尖巧额：这也是一种发型，主要强调的是额发修饰后的效果。从目前看到的相关式样来看，如唐张萱的《捣练图》、宋李嵩的《观灯图》等中的妇女形象，都是正中额前分发，然后向两边做出片状低垂样。这种发型唐已有，宋流行，延续至明。宋袁褧的《枫窗小牍》中记："汴京闺阁妆抹凡数变。崇宁间，少尝记忆作大鬓方额……宣和以后，多梳云尖巧额，鬓撑金凤。"宋人的《四美图》中即有这种前额装饰形象（图5-14）。

同心髻：这是宋代比较流行的一种发髻，其式是将头发绾束于头顶。陆游写的《入蜀记》中有："未嫁者，率为同心髻，高二尺，插银钗至六只，后插大象牙梳，如手大。"江西景德镇宋墓出土了一件瓷俑，被今人认定为同心髻（图5-15）。

图5-13　《半闲秋兴图》中的双蟠髻（右为成年女性）

图5-14　《四美图》中显示的额前发式

图5-15　瓷俑显示的发型被今人认定为同心髻

二、男女皆用发型

古代汉族男子发型长时间就是束发至头顶后方，然后以笄固定，变化不大。但是，前额头发梳制式样却有流行。

圆额：这是将前额头发的发际线修剪成圆形，即不是呈现出尖角的样子。唐时就为男女普遍梳制，宋至明清都用。今人认定山西太原晋祠宋代彩泥塑中即多用此式。

方额：这也是一种男女通用的额发修饰式样，与前述圆额不同的是，方额自北宋后期流行，在宋人著述中有"作大鬓方额"的记载。

当然，这两种额发形式变化形成的流行发型，虽说男女皆用，但相对男性来说，仍是女性追求时尚创新额发的热情更高。额前修饰是每个人都必然面对的，因而对一个时期额发的时尚性和流行特点，我们可以通过当年的艺术形象来大致了解（图5-16~图5-23）。

图5-16 宋人《歌乐图》中显示的尖额发型

图5-17 宋人画作中显示的圆额发型

图5-18 宋人《杂剧人物图》中显示的方额发型

图5-19 宋王居正《纺车图》中显示的散额发型

图5-20 宋王居正《纺车图》中的年轻女性额发侧面及全发髻

图5-21 宋徽宗《听琴图》中男子的圆额发型

图5-22 宋马远《王羲之玩鹅图》中男子的方额发型

图5-23 宋人《十八学士图》中男子的额发诸式

三、少女及舞者发髻

宋代有一些发髻，为女性所用，但是以少女为主，如双螺髻、三髻丫等。

双螺髻：这种造型的发髻其实并不新鲜，一直是童子头。宋代少女喜欢双螺髻，即将头发梳成两个螺状髻，分别位于头顶左右或垂在两耳处，因而衍生为垂螺髻。宋晏几道词中有"垂螺拂黛清歌女""犹绾双螺"，以及宋赵彦端词"两两青螺绾额傍"等，都是指这种发髻（图5-24、图5-25）。

图 5-24　宋人《半闲秋兴图》中的双螺髻摹绘

图 5-25　河南白沙宋墓壁画上伎乐女子发型摹绘

三髻丫：南宋范成大《夔州竹枝歌》中写："白头老媪簪红花，黑头女娘三髻丫。"其具体梳制方式应是将头发梳于头顶，束成三个髻。还是以少女或童仆为主。

从历史和现实来说，舞者多为年轻女性，况且舞者梳制的发髻在很大程度上要考虑表演效果，因而造型多为俏丽、活泼，并带有动感，如懒梳髻、云鬟髻、仙人髻等。

懒梳髻：也叫懒梳头，是宋代教坊宴乐时，舞者多梳制的一种发髻。其名称不是源于休闲，而是头上的两个髻呈斜坠状。这样的观赏效果或许更好，比正髻增加了动态，而且显得随意自然，符合一种发髻的变化需求。

云鬟髻：《宋史·乐志》中记载表演者形象时有"采莲（舞）队，衣红罗生色绰子，系晕裙，戴云鬟髻，乘彩船，执莲花"句，还有"凤迎乐队，衣红仙砌衣，戴云鬟凤髻"句。从书中记载的"戴"字看，或许这种发型属于假髻。作为表演时夸张且增大体积的需求，很有可能是舞时将固定发髻戴在头上，实质上相当于戏剧舞台上的行头。

仙人髻：宋代的仙人髻曾时兴好一阵，宫廷和大户人家的年轻女性都很喜欢，舞者也常应用。所谓仙人髻即是前代的仙髻，五代马缟曾说秦始皇好神仙，因而常令宫人梳仙髻。大致造型为双环和多环立于头顶，再饰珠宝翠玉或彩色绸带。与马缟所记不同的是，宋孟元老在《东京梦华录》中写："女童皆选两军妙龄容艳过人者四百余人，或戴花冠，或仙人髻鸦霞之服，或卷曲花脚幞头，四契红黄生色销金锦绣之衣，结束不常，莫不一时新妆。"这里虽然没有明确说"戴"仙人髻，但也没有像马缟那样说"梳"，结合《宋史·乐志》记云鬟髻的使用方法，或许这种装饰性很强的高髻也是假髻，以道具形式出现在表演中（图5-26~图5-29）。

另外还有多种，如"不走落"等，也是宫妃、舞者的一种高髻。

图 5-26　宋武宗元《朝元仙仗图》中显示的发型

图 5-27　《朝元仙仗图》中的诸式发型

图 5-28　《朝元仙仗图》中的发型及头饰

图 5-29　《朝元仙仗图》中仙人髻摹绘

四、儿童发型

宋代城镇经济发达，民俗活动丰富，而且文学美术流行于宫廷民间，因此为我们留下了大量可靠的文字记载和视觉形象资料。孟元老的《东京梦华录》、张择端的《清明上河图》都是亲历者的描绘，生动地再现了宋代的民间生活情景。尤为难得的是风俗画的兴起，为我们保留了大量的儿童形象画面，这里自然包括了儿童发型。

在宋代儿童发型中涉及的样式，有些是前代已有，更多的还沿用至后几代，因为宋代画中儿童形象相对较多，故而这里集中谈几种。

五搭头：在儿童头上留三处圆形头发，其余剃去，这在宋元时已经开始流行，叫"三搭头"。后延至明清，因此在各地年画上多有发现。三搭头的三处头发主要是前额上方一处，两边各一处。在南宋著作中记有"三搭头"名称，并写明"中国小儿留……"。唐代壁画上有留有五绺头发的儿童形象（图5-30）。

散发：儿童的头发不梳起时，自然是散披着，因而自古有"垂髫"之说。至唐宋期间，儿童散发的形象开始出现在艺术作品中，应该可以认定，家中小儿和书童等童仆均有散披着的发型（图5-31、图5-32）。

图 5-30　敦煌唐代壁画上的儿童
"五搭头"

图 5-31　宋苏汉臣《长春百子图》
中显示的儿童散发发型

图 5-32　宋李嵩《货郎图》中的
儿童散发摹绘

蒲桃髻：这是从唐代流行起来的儿童发型。古书记载是"小髻十数"，主要是幼儿发短，所以系起多个小辫或小球髻。宋人《冬日婴戏图》留下了视觉形象资料（图5-33）。

百岁毛：即是给孩子剃发时，唯留下后脑一圆片区的头发，可以系扎红头绳儿，也可以梳一个小辫。宋李嵩的《货郎图》上有这种发型（图5-34）。至于流行这种梳制的年月不详，一直至21世纪还有农村儿童留着这种百岁毛（或称长命毛）。

图 5-33　宋人《冬日婴戏图》中的儿童蒲桃髻摹绘

婆焦和偏顶：百岁毛是给儿童留下脑后一绺头发，婆焦（或称博焦）是在头顶前留一片圆形或桃形头发，而偏顶则是将这一绺头发留在头前偏左的位置。《宋史·五行志》中记载："（理宗朝）剃削童发，必留大钱许于顶左，名偏顶……"这种形象也得以在宋苏汉臣《秋庭婴戏图》中留下痕迹（图5-35）。

儿童的发型一般简单，而且考虑到头发不多的特点，随手而梳制的很多，再有便是带有吉祥含意。宋代儿童发型形象较为丰富，正是因风俗画的兴起而留下资料较多的缘故（图5-36~图5-39）。

图5-34　宋李嵩《货郎图》中的儿童百岁毛及诸童发型

图5-35　宋苏汉臣《秋庭戏婴图》中显示的儿童偏顶发型摹绘

图5-36　宋苏汉臣《杂技戏孩图》中的童发形象

图5-37　宋李嵩《骷髅幻戏图》中的儿童发型

图 5-38　宋人《蕉荫击球图》中的儿童发型

图 5-39　宋人《小庭婴戏图》中儿童发型

第三节 ｜ 辽·契丹族发型

　　契丹族男子发型具有西北游牧民族的明显特色，即髡发。髡是中国古代的刑法之一，在汉族人看来，身体发肤受之父母，不敢毁伤，因而将头发剃掉就是对人的侮辱，但西北少数民族髡发很普遍。契丹族是将大部分尤其是头顶的头发剃掉，两旁或一侧耳上留一绺垂发，也有的是额前保留，两耳垂下的头发可披至肩上。关于髡发的记载，早在《后汉书》《三国志》《南齐书》中均有。其具体形象可从当年的《卓歇图》《契丹人狩猎图》和陈居中《胡笳十八拍图》等传世卷轴画，以及辽墓壁画上找到清晰可靠的资料（图5-40~图5-44）。

图 5-40　辽《东丹王出行图》中契丹人男性发型

图 5-41　辽东丹王发型

图 5-42 《射骑图》中契丹人发型

图 5-43 《出猎图》中契丹人
髡发形象

图 5-44 辽墓壁画上显示的契丹人
髡发形象

  契丹族女性有一种"山尖巧额"发型，即在额前发际线处梳制成几个尖状，因而形成山的连峰样式（图5-45）。还有一种"双垂发圈"，也是契丹族妇女的特有发型，额前垂下两小圈发，这在其他民族发型中尚未见到（图5-46）。

  总之，契丹族女性多梳高髻、双髻，同时也有披发。史传当时有戴假髻的，名为"百宝花髻"，主要为富贵上层女性使用。辽王鼎在书中记：辽皇后曾头戴百宝花髻，上缀珠翠多宝首饰，上穿紫金百凤衫，下穿杏黄金缕裙，足蹬红凤花靴。

  由于契丹族和汉族在相当长的一段时间里错居，因而两族女子发型互有影响，只是两族男子发型不可通融。当年，契丹族画家胡瑰曾画过《卓歇图》，亦有一说胡瑰为女真人，但"卓歇"是契丹语中支起帐篷休息的意思。契丹王及贵族每年在一定时间内，总会带领属下出外狩猎，狩猎期间必然休息，因而有交谈、餐饮等场景。胡瑰生长在草原，熟悉契丹人的发型和服饰形象，因此在《卓歇图》中真实地记录下北方游牧民族男女发型的真实视觉形象（图5-47~图5-49）。

图 5-45 赤峰辽墓出土
木板画上契丹人女子的
山尖巧额发型

图 5-46 辽代壁画
上契丹人女子的双
垂发圈发型

图 5-47 胡瑰《卓歇图》中显示的北方民族髡发等发型

另外，位于河北省宣化县（今张家口市宣化区）辽代张世卿墓中有保存相对完好的壁画。墓主人曾任辽右班殿直检校国子祭酒，因此其墓室壁画中留下了一些明确的官员及侍者的发型形象（图5-50）。在北京市昌平县（今昌平区）南口镇辽墓出土的男女俑人也显示出辽代的发型（图5-51、图5-52）。

图 5-48 《卓歇图》中显示的北方民族发型及整体形象

图 5-49 《卓歇图》中显示的北方民族男女发型

图 5-50 辽墓壁画中男女侍者发型及整体形象

图 5-51 辽代男俑显示的发型形象

图 5-52 辽代女俑显示的发型形象

第四节 | 金·女真族发型

　　女真族男子发型也是髡发，与契丹族不同的是，女真族男子两耳处垂下的头发多编为辫子，而前述契丹族男子则是垂下散发。

　　《大金国志》中记载："金俗……妇人辫发盘髻。"成年妇女中，也有用皂纱裹住发髻的做法，然后在皂纱或耳上方插缀珠玉首饰。或许正因此而形成一种发型，名叫"巾花顶髻"。这些妇女梳裹艺术性发髻的同时，还在额头装饰花钿。今人认定河南焦作金墓出土的满头插花饰的加彩女俑，就是这种装饰风格。

由于金王朝与南宋也是长期对峙，自然有错杂现象，特别是中原在金统治之下的时间很长，故而中原妇女也兴起一股"女真妆"，即"束发垂脑裹巾"等。据说当年曾有诗云："浅淡梳妆，爱学女真梳掠"，这显然是民族文化交流中的一种必然现象。可是，金代女真人尚火葬，因而留下的历史资料和视觉形象都相对较少，而且因天气寒冷，又多戴帽，我们只能从有限的绘画等作品中看到女真人的发型（图5-53~图5-56）。

图 5-53　金宫素然《明妃出塞图》中显示的男子发型

图 5-54　金张瑀《文姬归汉图》中显示的男子髡发辫饰

图 5-55　金墓壁画人物显示的"巾花顶髻"发型

图 5-56　河南焦作金墓出土的男俑发型

第五节 | 元代发型

元代是中国历史上版图最大的一个朝代，但元王朝统治者在发型服饰上采取二元制。按《元史》的说法即是上朝时根据活动性质，允许"南班""北班"服饰形象同在。这种不强令汉族人随蒙古服的做法，使元代服饰非常丰富又较为随意，因而各具特色。

一、蒙古族男女发型

蒙古族男子发型，主要为婆焦、大圆额、小圆额和练槌式等式样。与契丹族、女真族相近似的是，也要剃去一部分头发。这一点，早在乌桓、鲜卑等少数民族中长期风行。《后汉书》中曾说："乌桓者，本东胡也。……以髡头为轻便。……鲜卑者，亦东胡之支也，……其言语习俗与乌桓同，唯婚姻先髡头。"《三国志》也说，鲜卑习俗是"嫁女娶妇，髡头饮宴"。《南齐书》中论及拓跋氏时，还提到他们"披发左衽，故呼为索头"。索头是剃去一部分头发后，其余的编成辫子并扭结在一起。从有文字记载的发型中可列出如下名称。

一搭头、二搭头、三搭头：即留出额前发和两侧发，其余头发均剃去。额前的头发可自然垂下，两侧的则梳成环髻或编辫。宋郑思肖曾写道："靼主剃三搭，辫发，顶笠、穿靴。……三搭者，环剃去顶上一弯头发，留当前发，剪短散垂，却析两旁发，垂缩两髻，悬加左右肩衣袄上。"南宋孟珙《蒙鞑备录》中写："上至成吉思汗，下及国人，皆剃婆焦，如中国小儿留三搭头，在囟门者稍长则剪之，两下者总小角，垂于肩上。"确实与中原婴幼儿发型类似，可参见前文有关插图。

不狼儿：从宋郑思肖的记载看，不狼儿其实就是三搭头，只是出于打猎需要，将两侧垂下的头发编辫，直拖垂衣背。今人认定《历代帝后像》中的元统治者，即有梳"不狼儿"的。

打辫缩角儿：与此相近的还有打索缩角儿。整体发型依然，主要区别在于将两耳上留下的头发辫结呈环形发辫（图5-57）。在清代书里转引《大元新话》中写："按大元体例，世图故变，别有数名。还有……打索缩角儿、打辫缩角儿"。

练槌：也称练椎。这种发型在宋元时期为蒙古族男子专用，但同时及稍后也为女舞者梳制。其形式是将头发编成辫子，盘结于头上（图5-58）。明朱有燉《元宫词（一百三首）》云："海青帽暖无风冷，鬌发偏宜打练椎。"

除以上所述的以外，蒙古族男子发型还有多种，名称不一，但样式区别不大。"大开门""一字额""花钵椒""打辫儿"等，好像是汉人将蒙语音译，或是因形取名。最需提及的是，其中打辫儿的梳制方法基本与清代满族男子脑后垂辫式一样，只是前额剃发没有像满族那么彻底（图5-59）。当年记载，说其"合辫为一，直拖垂衣背"，这在后世男子发型叙述中可格外关注一下。

再有，资料中记元代蒙古族统治者有大圆额、小圆额，今人所认定的画像多为戴帽者，具体样式不详，看到的样式仍是前额留发，与上述区别不太明显（图5-60~图5-62）。

图5-57　元代陶俑显示的蒙古族男子发型

图5-58　元代墓室壁画上的蒙古族男子发型

图5-59　今人认定的元蒙古族发型

图5-60　佚名《元世祖像》显示的蒙古族男子发型

图5-61　南薰殿旧藏《历代帝王像》显示的蒙古族男子发型

图5-62　元钱选《扶醉图》中男子绾角儿等发型

二、汉族女子发髻

元代的汉族男女依旧保持传统发型，当然在两族长期交往、错居中肯定有交流借鉴，因而还是出现了一些元代女子发髻的新样式。

盘龙髻：将头发在头顶梳成螺旋形盘曲状，山西太原小井峪元墓壁画中有类似形象。

蟠龙髻：也称盘龙髻，从元代开始流行至明清。其形式是将头发在头顶上分股盘绕成髻，再以簪钗等首饰固定。元杨维桢诗"新年拢鬓及笄期，云绾盘龙一把丝"说的即是当年这种盘曲成髻的发型。

飞黄鬓：元龙辅书中有："元雍姬艳姿，以金箔点鬓，谓之飞黄鬓。"看来是讲究以金箔装饰两侧鬓发的发型。

掸鬓：指鬓角头发下垂的样式，前代已有，只是名称不尽相同。元人诗曰："乌云掸鬓鸦。仙肌香胜雪。"

综上所述，可以看出元代汉族女子发髻有吸收蒙古族发型的迹象，这在后来清代的发型趋势上进一步显现出来。只是今人对蒙古族女子发型的认定称谓，极不一致，所以我们只能选取一些元代绘画作品，看一看当年的女子发型形象（图5-63~图5-67）。

图5-63　元刘贯道《消夏图》中的女子发型

图5-64　元周朗《杜秋娘图》中的女子发型

图5-65　元张渥《九歌图》中发型1

图5-66　元张渥《九歌图》中发型2

图5-67　元张渥《九歌图》中发型3

三、儿童发型

元代服饰具有"南班北班"二元化态势，蒙古族和汉族的服装既有各自独立的风格，同时又有一些渗透混杂的现象。由于蒙古族作为统治者，并未对广大汉族民众的发型服饰予以干涉，反而是相互错杂相互交融。正因如此，元代儿童发型既有北方民族发型的特点，又有中原汉族的传统，我们今日才可以在艺术作品中看到宋元时期儿童发型的可爱之处（图5-68、图5-69）。

图5-68　山西永乐宫元代壁画上的宋元时期
儿童发型摹绘

图5-69　元人《同胞一气图》中的宋
元时期儿童发型摹绘

延展阅读

古诗词（曲）中的发型描绘

1.怕郎猜道，奴面不如花面好。云鬓斜簪，徒要教郎比并看。

这是宋代李清照《减字木兰花·卖花担上》中的名句。早上，女子在"卖花担上，买得一枝春欲放"的鲜花。她怕郎君觉得花比她美，于是将花斜着插在一侧耳上鬓发处，准备让郎君看一看是花美还是人美。簪花是古人的习俗，但这首词里的簪花却带着俏皮，带着率真，带着柔情似蜜的爱情世界。

2.绀绾双蟠髻，云欹小偃巾。

这是宋代苏轼《南歌子·楚守周豫出舞鬟，因作二首赠之》的起始句。作词是赠给舞伎的。

"绀"是微带红的黑色。看来"轻盈红脸小腰身"的年少舞伎梳着双蟠髻，髻是用黑色略显红的缯系扎着。髻外还裹上一条朝后下抑的小偃巾，巾用漆纱制成，很挺括的样子。巾上布满了曼妙的云纹。当她又听到伴奏的鼓声响起时，"叠鼓忽催花拍，斗精神"，又歌舞起来。

3.鬟惹乌云，裙拖湘水，谁家姝丽。

宋代万俟咏的《醉蓬莱》词，用文字描写出上元灯节时观灯的美艳佳人。词人善于用自然景物美化人的发型衣着乃至满街的灯笼，如"绛烛银灯，若繁星连缀"。因此，美人乌黑的头发，梳着像云朵一样婉转多姿的发髻，而裙子又像湘水那样平静顺滑，好典雅的女子啊！

4.裙拖簇石榴，髻绾偏荷叶。头上短金钗，轻重还相压。

这是宋代韩玉《生查子》中对女性发型服饰的描绘。裙子很长，上面满是成簇的石榴。发型则是当年的时尚花样，这种式样是从翻荷髻演化而来。梳头时由下而上，掠至顶部，然后朝一侧翻转。届时，高笄又略加倾斜的发髻形似翻卷的荷叶。发髻上插着多支短金钗，像太阳的金辉照在荷叶上，又像闪光的露珠滚动在荷叶边，一片雅致又艳丽的头上景象。

5.彩线轻缠红玉臂，小符斜挂绿云鬟。

这是宋代苏轼《浣溪沙·端午》中的句子，描写的是典型的民俗发型与头饰。胳膊上缠着五彩绳，正是中国民俗中的"续命缕""五彩丝"，据说可以"令人不病瘟"。所谓"小符"一般是来自道教影响的有着吉祥字样的符咒布条。宋陈元靓《岁时广记·钗头符》中记："端午剪缯彩作小符儿，争逞精巧，掺于鬟髻之上，都城亦多扑卖，名钗头符。"将小符插戴在黑得发亮的云一般的发髻上，绝对是中国端午的一景。

6.忆昔来时双髻小，如今云鬟堆鸦。

宋代史浩的《临江仙》词，从发型的变化来记述女子从小孩儿长成妇女。因为"双髻"是儿童或少女发型，梳理时从中间分成两股，在头顶两侧各扎成一个小髻。有的是将头发两股各盘一个环状，再将发梢插入耳后的头发里，总之是少儿发型。"云鬟"一般是用膏沐掠鬟，将其梳理成薄片的云雾似的鬟发样。"堆"指头发造型；"鸦"寓黑，指黑黑的头发。能够做成堆鸦的云鬟，已是确确实实的大人了。这是描述生命成长的一个侧面，以发型为例。

7.交刀剪碎琉璃碧，深黄一穗珑松色。玉蕊纵妖娆，恐无能样娇。绿窗初睡起，堕马慵梳髻。斜插紫鸾钗，香从鬟底来。

宋代侯置（寊）的《菩萨蛮·簪髻》是写女子清晨醒来，梳理头发做堕马髻，并在髻上插戴首饰的情景。"琉璃碧""深黄一穗""珑松色""玉蕊""紫鸾钗"都是在间接或直接描绘首饰的。只不过前面的首饰主要是插戴在堕马髻上的，而后写的"紫鸾钗"，即紫晶的鸟首金（银）钗却是最后一个斜插在鬟角上的，不知是有真花香，还是首饰太美又太逼真了，让人感到有一股花香从鬓角后温柔袭来。

8.元曲中发型描绘七条。

·丫髻环条，急流中弃官修道，鹿皮囊草履麻袍。——元　邓玉宾《粉蝶儿》

·半折慢弓鞋，一搦俏形骸。粉腕黄金钏，乌云白玉钗。——元　杜仁杰《雁儿落过得胜令·美色》

·金缕唐裙鸳鸯结，偏趁些娘撇。包髻金钗翠荷叶，玉梳斜，似云吐初生月。——元　商挺《潘妃曲》

·云鬟雾鬓胜堆鸦，浅露金莲簌绛纱，不比等闲墙外花。——元　关汉卿《一半儿·题情》

·额残了翡翠钿，髻松了柳叶偏。——元　关汉卿《碧玉箫》

·秋波两点真，春山八字分。颤巍巍雾鬓云鬟，胭脂颈玉软香温。轻拈翠靥花生晕，斜插犀梳月破云。误落风尘。——元　吴昌龄《端正好·滚绣球》

·鸦翅袒金蝉半妥，翠云偏朱凤斜松，眉儿扫杨柳双弯浅碧，口儿点樱桃一颗娇红；……鸾钗插花枝蹀躞，凤翘悬珠翠玲珑；……衬桃腮巧注铅华莹，启朱唇呵暖兰膏冻。着粉呵则太白，施朱呵则太红。鬓蝉低娇怯香云重，端的是占断绮罗丛。……半点儿花钿笑靥中，娇红，酒晕浓。……露春纤玉葱，扫眉尖翠峰，清香含玉容。整花枝翠丛，插金钗玉虫。褪罗衣翠绒，缕金妆七宝环，玉簪挑双珠凤，比西施宜淡宜浓。……你是看翠玲珑，玉玎玲，一步一金莲，一笑一春风。……鬓花腮粉可人怜……钿窝儿里粘晓翠，腮斗儿上晕春红。……花月巧梳妆，脂粉娇调弄。——元　于伯渊《点绛唇》

课后练习题

1.宋代女子有哪几种典型发髻？

2.列举几例宋代儿童发型。

3.元代蒙古族男子发型有何特色？

第六讲

——

明代发型

课程名称	明代发型
教学内容	时代背景简述 后妃命妇规制发髻 民间女子时尚发髻 明末男子及儿童发型
课程时数	6课时
教学目的	本章介绍明代的发型特点,重点是随着明代妇女生活水平的提高,影响发型不断创新的自然因素。根据《明史·舆服志》的史料记载,分析了皇族后妃命妇在郑重礼仪活动中的规制发髻特点,了解发髻插戴的首饰数量及珍贵程度必须符合等级规定,并以此作为身份标识,提高学生认识经济与文化的繁荣发展对日常所见发型的具体影响
教学方法	讲授法
教学要求	1. 使学生了解明代女子发髻的变化特点及影响因素 2. 使学生掌握明代女子发髻的地区性和阶段性特征明显的原因 3. 使学生熟悉明代后妃命妇受等级规制的发髻特点 4. 使学生了解明代男子及少儿的发型特点及具体形式

第一节 | 时代背景简述

　　明代，无论是在其统治思想，还是文学艺术以及民众的生活理念中，汉文化的比重明显上升，以至成为中国历史上汉文化集大成的朝代，同时也是封建社会中汉族作为统治者的最后一个朝代。公元 1368 年，明太祖朱元璋建立明王朝，在政治上进一步加强中央集权，对中央和地方封建官僚机构进行了一系列改革，其中包括恢复汉族礼仪，调整冠服制度，禁胡服、胡姓、胡语等措施。对民间采取"休养生息"政策，移民屯田、奖励开荒、减免赋役、兴修水利等，使封建经济得以很快恢复发展。1399年，建文帝朱允炆推行"削藩"政策，燕王朱棣公开反叛，以"清君侧"的名义率军南下，开启了一场明王朝统治阶层内部的皇位争夺战，历史上称为"靖难之变"。朱棣考虑到北京是他多年经营之地，而南京总为偏安王朝，难以控制北方游牧部落，于是在1421年正式迁都北京。自此，北京成为全国政治、军事、经济、文化的中心。

　　明代注重对外交往与贸易，其中郑和七次下西洋，在中国外交史与世界航运史上写下了光辉的一页。对待少数民族部落，明王朝采取招抚与防范的积极措施，如设立奴儿干等四卫，"令居民咸居城中，畋猎孳牧，从其便，各处商贾来居者听"，安抚并适应了鞑靼、女真各部的发展。设立哈密卫，封忠顺王，使哈密成为明王朝西陲重镇。利用鞑靼、瓦剌与兀良哈等三卫，来削弱东蒙古势力等。明朝统治的近300年中，也发生了"土木堡之变"、倭寇入侵、葡萄牙入侵等动乱，但各族人民之间仍在较为统一的局面中相互促进，共同提高。

　　明代是汉族统治的王朝。基于前代辽、金、西夏、元的统治与民族之间错居所造成的杂乱无章，明开国伊始，即着手推行唐宋旧制，极力消除北方游牧民族包括服装发型在内的各种影响，从而重建一国一代之制。当然，实际上已有不少游牧民族的发型装束被保留下来，只不过早已融合于汉族形象艺术之内而难以区分，从而也就不可能剔除了。

　　直接影响明代发型及整体服饰形象风格的有以下两点：

　　一是明代已进入封建社会后期，其封建意识趋向于专制，并崇尚繁丽华美，呈现诸多粉饰太平和吉祥祝福之风。将祝福词句施于图案之上，以其形象加深民众审美感受，可使其家喻户晓、妇孺皆知，这是明代文化的一大特色。这些图案，或以某种物品寓其善美，或以某种物名之音谐其吉祥之词，因而谓之"吉祥图案"。例如，以松、竹、梅为"岁寒三友"，以松树、仙鹤寓"长寿"，以鸳鸯寓"夫妇和美偕老"，以石榴寓"多子多福"，以凤凰牡丹寓"富贵"。另谐音法，如以战戟、石磬、花瓶、鹌鹑示"吉庆平安"，以荷、盒、玉如意示"和合如意"，以蜂、猴示"封侯"，以瓶插三戟示"平升三级"，以莲花、鲇鱼示"连年有余"等。吉祥图案集中了汉文化的智慧与游戏规则，同时也反映出民众对美好生活的向往与追求，是汉字的一大亮点。明代服装面料上的花纹如缠枝花卉、龟背、球路、龙凤和织金胡桃等花色十分丰富，一般表现为生动豪放、色彩浓重、简练醒目。可以想见，明代人所流行的发型也是颇具文化性的，当然这得益于明代人物画的数量多，形象逼真，方留下许多珍贵资料。

二是明代中叶以后，在中国江南地区出现了资本主义萌芽。江南地区，即唐宋以来的鱼米之乡，不仅盛产稻米、棉花与蚕桑，还拥有多种发达的手工业。至明代中叶，苏州已是"郡城之东，皆习机业"。据吴县知县曹自守《吴县城图说》记载："苏城……民不置田亩，而聚货招商，阛阓之间，望如锦绣，丰筵华服，竞侈相高。"张瀚《松窗梦语》也记："自金陵而下控故吴之墟，东引松常，中为姑苏。其民利渔稻之饶，极人工之巧，服饰、器具足以炫人心目，而志于富侈者，争趋效之。"临近各镇居民也大都"以机为田"，开始摆脱两千年以来的农桑经济，出现产业的苗头。这一来对服装业的发展，微至质料、色彩、图案的特点都起到至关重要的作用，一时形成北方服装仿效南方，尤效秦淮，改变了原来四方服饰仿京都的局面。这与宋元以来，海上贸易往来的活跃也有很大关系。服装业的大发展直接影响到发型上的原因之一，是妇女在生产中的地位提高，因而女子发型的塑造也就有了更大的自主权。妇女生活水平的提高，又自然影响到发型的不断创新。

第二节 | 后妃命妇规制发髻

在《明史·舆服志》中，记载了较为详尽的皇族后妃命妇在郑重礼仪活动中必置的服饰，而且保留了一些关于发髻的规定内容。

后妃的礼服整体形象中，提到"特髻"；命妇的规制发型中也提到特髻，而且《舆服志三》中直接写"特髻假髻"。就我们的理解是，这种所谓特髻，其功能是显示一种规格，进而标示身份，因此是假发编制成的发髻。髻上插戴的诸种首饰珍贵程度和数量必须符合等级规定，不容许少，少了说明疏略；当然更不能多，尤其是超过了规定的珍贵程度，那就是僭越。僭越是在社会秩序中最不应该发生的行为，弄不好是会降级、流放甚或遭遇极刑的。特髻之"特"即是标明一个级别所特有的，用以区别其他。

《明史·舆服志二》中写到后妃的冠服、常服。其中写皇后冠服，侧重于冠，只有在常服中提及"冠制如特髻，上加龙凤饰"。写皇妃及内命妇冠服时说"又定山松特髻，假髻花钿，或花钗凤冠"。这样看来，在明代规制发型中，特髻的作用可以等同于冠。冠上有各种规格的饰件，特髻上也有规定，在礼仪需求上是一致的。

《明史·舆服志三》中写到命妇冠服时说："命妇冠服。一品礼服：头饰为山松特髻，翠松五株，金翟八，口衔珠结。正面珠翠翟一，珠翠花四朵，珠翠云喜花三朵，后鬓珠梭球一，珠翠飞翟一，珠翠梳四，金云头连三钗一，珠帘梳一，金簪二珠梭环一双。……二品特髻上，金翟七，口衔珠结。……三品特髻上金孔雀六，口衔珠结。正面珠翠孔雀一，后鬓翠孔雀二。……"四品及以下还有银镀金云头、银镀金练雀等，均为增减递进的变化。到九品命妇时，即不写特髻而写小珠庆元冠了。又一次证明特髻与冠的功能相同。

中国自周代设立服饰制度以后，各朝代都有关于后妃命妇的服饰包括发型要求，只不过明代舆服制度最为完善，因而我们在叙述明代发型时，选出后妃命妇的发型规制来加以研究。遗憾的是，但凡皇后贵妇的视觉资料，多是戴冠，因而很难看清楚"特髻"究竟是什么样子，好在冠与发型是紧密相连的，所以我们也可以通过图6-1、图6-2，感受一下当年的后妃威仪。

图6-1　南薰殿旧藏《历代帝后像》中显示的明皇后威仪

图6-2　明人《朱夫人像》显示的明代贵妇威仪

第三节 | 民间女子时尚发髻

明代女子发髻的变化，主要表现为地区性和阶段性特征明显。有的是江南流行，有的是中原流行，但后来可能又经过交融而形成另一种新式发髻。再有便是明朝统治近三百年中，各时期会出现以前未见的发型，而后又被下一阶段的新发式所超越乃至消失。总体来说，随着经济与文化的繁荣发展，发型也愈益丰富多样了。

一、各式发髻

由于明代女性发髻样式太多，所以只能选取一些典型的，如蝶鬓髻、杜韦娘髻、一窝丝等。

蝶鬓髻：这是一种明代流行的发髻。明范濂《云间据目抄》中写："蝶鬓髻皆后垂，又名堕马髻。"今人认定明人《秘戏图》中有蝶鬓髻，如果真是的话，那就是头上一髻后延，两鬓有发梳拢至脑后，这种发髻在我们看到的明清古画中总有出现（图6-3、图6-4）。

杜韦娘髻：一种说法是，杜韦娘是明嘉靖年间的名妓；另一种说法是，唐刘禹锡诗中已出现"杜韦娘"三个字。从当年吴地苏州书里的写法来看，这种髻系扎较紧，且低小，因而早晨梳好至晚间都不易松开。看来是一种低髻。

一窝丝：明代女子喜欢用金属网外覆假发成髻，可是一窝丝却不是这种用法。这是将真发盘于脑后，形成窝状，外面罩一黑网，再用簪子固定。"一窝丝"因为更简便，一直从明、清沿用到近代（图6-5、图6-6）。

杨篮头：明陆容在《菽园杂记》中说，吴中乡间流行的山歌有："南山脚下一缸油，姊妹两个合梳头。大个梳做盘龙髻，小个梳做杨篮头。"可是这种发型的具体梳制方法不详。

素馨髻：明杨慎《丹铅总录》里记，当年女子喜欢将茉莉花插戴在发髻上，并有文字记载，还有流传在山野间的民歌，如"素馨棚下梳横髻"句。今人认定山西洪洞县明墓出土的青花瓷碗上的女子形象，梳大髻，同时将花朵排插于发髻上的就是这种发型（图6-7）。

牡丹头：这是明代女子发髻中最有影响的一种，蓬松且高大，始于元代。元张宪诗："双头牡丹大如斗，簇金小帽银花镂。"据说是将头发分成数股，每股单独上卷至头顶中间，然后用钗固定。整个发髻犹如一朵盛开的牡丹。而且这种发髻至清还在延续。清董含在《三冈识略》中说："……见妇人梳发，高三寸许，号为'新样'。年来渐高至六七寸，蓬松光润，谓之'牡丹头'。"今人认定明陈洪绶《对镜仕女图》中即有这类发髻。诗书画中均有反映（图6-8、图6-9）。

图6-3 明仇英《仕女图》中显示的女子发型

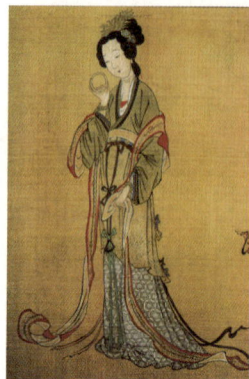

图6-4 明人《千秋绝艳图》中的女子发型

图6-5 清吴友如《海上百艳图》中的女子发型

图6-6 明尤求《人物山水图》中的女子发型

图6-7 明青花瓷碗上女子发髻插花

图6-8 明陈洪绶《对镜仕女图》中的女子牡丹头

图6-9 明陈洪绶绘画作品中的女子牡丹头

松鬓扁髻：这是一种相对高髻来说的扁髻，其式样特点是发际处头发向左右延伸蓬松，后颈处也有发髻下端在前面可以看到（图6-10）。正面看去上大下小。从清叶梦珠《阅世编》记载看，是明末崇祯年间兴起的。叶梦珠形容说，发际高卷，虚朗可数，临风栩栩，以为雅丽。清代汉族女子依然梳制。

除以上几种，还有流行于明穆宗时的"鹅胆心髻"，流行于弘治正德初年的"仰心髻"，多见于隆庆初年的"桃心髻"和"桃尖顶髻"等。由于明代人物画兴盛，且对人物发型、服饰刻画细致入微，可以为我们提供许多可参考的视觉资料（图6-11~图6-21）。

图6-10　禹之鼎《女乐图卷》中疑为女子松鬓扁髻

图6-11　明唐寅《嫦娥执桂图》中的女子发型

图6-12　明人《水陆图》中的女子发型

图6-13　明仇英《六十仕女图》中的女子发型

图6-14　明唐寅《簪花仕女图》中的女子发型摹绘

图6-15　明唐寅《孟蜀宫妓图》中的女子发型

图 6-16 《孟蜀宫妓图》发型及
服饰形象摹绘

图 6-17 明唐寅《秋风纨扇图》
中的女子发型

图 6-18 《秋风纨扇图》中的发
型及服饰形象摹绘

图 6-19 明仇英《汉宫春晓图》
中的女子发型

图 6-20 《汉宫春晓图》中的
发型及服饰形象摹绘

图 6-21 山西稷益庙壁画上的
明代女子发型头饰

二、义髻到发鼓

　　假髻出现很早，前文已经分代叙述，在新疆吐鲁番出土的唐代木质义髻（图6-22）和纸质义髻（图6-23）已经显现出当年人的假髻创作技巧。至元明清三代，一种金属发鼓多为流行，也被称为鬏髻。

　　明代女子时兴的这

图 6-22 新疆阿斯塔那唐墓出土的
木质义髻

图 6-23 新疆吐鲁番唐墓出土的
纸质义髻

种"发鼓",是用金属细丝编成的,形似网罩,戴在头上,外覆假发。最有趣的是假发形成发髻后,再以真发上绕,这样的发髻真假难辨,但发髻显著增高。明顾起元在《客座赘语》中写:"今留都妇女之饰在首者,……以铁丝织为圜,外编以发,高视髻之半,罩于髻而以簪绾之,名曰'鼓'。"这种发鼓实物在江苏无锡明华复诚妻曹氏墓中出土过,由此兴起长期的发网假髻,直至清代。具体有鬏髻、金丝髻、银丝髻三种。

鬏髻:即是发鼓,更确切地说是用发鼓梳制成的假发并与真发合成髻。明代已婚女子多用,实则在元王实甫《西厢记》中已有此名称。明张自烈的《正字通·竹部》中记有"用铁丝为圈,外编以发",可是明曹氏墓中出土的鬏髻网罩是用银丝编成,再鎏金。看来金属网是肯定的,但金银铜铁可按级别或财富来定(图6-24)。

金丝髻:据吴允嘉的《天水冰山录》载:抄没奸相严嵩财物时,计有"金丝髻"五顶,重十八两六钱。这应是以黄金细丝编缀的发网记录(图6-25)。

银丝髻:银丝应比金丝普遍,明清两代都时兴。清叶梦珠曾在书中记:前辈发髻高逾二寸,大如拳,用金银丝挽成之。后髻扁而小,高不过寸,大仅如酒杯,犹以金银丝挽之。这样看来,金银丝髻,可以是发网假罩,也可以是金银丝局部挽束,总之是真发掺以假发,假发上覆真发,或以假发为主的假髻。

图6-24 江苏无锡明墓出土的鎏金银发鼓

图6-25 浙江义乌明墓出土的金丝鬏髻

三、侍女及道姑发髻

明代少年发髻的样子,很多传至清及近代,但究其原型,又未脱开明以前的儿童和未成年人的"丫髻",一般都是梳制两个圆髻或尖髻,位于头顶或两耳上方。

"盘头楂髻"和"双螺髻"都属于这一类发髻。今人认定江西南城明益庄王墓和山西阳城明墓出土的女陶俑,就有梳这种髻式的。

道教是中国土生土长的宗教。自老庄之后,道家学说演化为宗教,因而民间修建道观,蔚为风气。明代高濂《玉簪记》中刻画了一个出色的道姑形象,即陈妙常,而后各剧种纷纷推出这一剧目,从而使陈妙常的名字深入人心。

妙常髻由剧中人物身份及特定发型而在日常生活中显现。样式为单髻，髻上覆有包巾，巾从后脑处垂下长丝绦直达小腿中部。在明末清初的剧目中，人们已习惯将此作为道姑的特有发型，因此形成了共识。早期具体样式在明万历观化轩刊本《玉簪记》插图中保留，民间也有时兴妙常髻的地区，据说明清时期吴中（即今苏州）一带曾流行。实际上这种髻是包括巾帻在内的（图6-26）。

图6-26 明代书籍《玉簪记》中显示的妙常髻

第四节 │ 明末男子及儿童发型

中国古代汉族男子一般都是在成年时将头发拢到头顶偏后，系一丝带，长发盘成髻以簪固定，从这时戴上冠帽。标识成年即为"弱冠"之年，并未太多强调男子发型。冠礼在《礼记》等古籍中均说是20岁。那么，20岁之前呢？儿童和少年时通常为垂髻至童子头。从明清时期古书插图来看，少年也有前面垂短发，脑后披长发的，如家喻户晓的"刘海儿"。

明末男子中出现一种披肩发。在清姚廷遴《姚氏记事编》中记：明代崇祯十四年时，男子16岁开始留发，发长披于肩。作者还说"如今时妇女无异，亦梳三把头、泛心头"。这种发型应归为男子青少年成年礼之前的梳制样式。

明末还有少年男子的一种发型，被称为"直掳头"，与上述"三把头""泛心头"类似，只是这种发型是将披于肩背的散发系扎起来。据清初书籍记载，也是明末产物。我们可以通过几幅明代人物画看一下明代男子的束发和披发，同时有童子发型，可属于少年一个阶段的特色（图6-27~图6-30）。

明代儿童发型是承上启下的，很多是前代即已出现，至明代普遍，而经明代又传至清，应该说极具中华民族传统风格，以至形成经典的中国儿童形象（图6-31~图6-37）。

图6-27 明万邦治《醉饮图》中的成年男子与童子发型

图 6-28 明丁云鹏《漉酒图》中
的成年男子与童子发型

图 6-29 明崔子忠《藏云图》中
的成年男子与童子发型

图 6-30 明陈洪绶《晞发图》中
的披发形象

图 6-31 明吕文英《货郎图·春景》
中的儿童发型

图 6-32 明吕文英《货郎图·夏景》
中的儿童发型

图 6-33 明吕文英《货郎图·秋景》
中的儿童发型

图 6-34 明吕文英《货郎
图·冬景》中的儿童发型

图 6-35 明人《寿添福
禄图》中的少年发型

图 6-36 明人《芙蓉
百吉图》中的少年儿童
发型

图 6-37 明丁云
鹏《捉蝶图》中的
儿童发型摹绘

古诗词中的发型描绘

1.双鬟短袖惭人见，背立船头自采菱。

这是明代诗人杨士奇在《发淮安》中对淮安水乡采菱女子的描写。由于是从女子后背观察，因而诗看到的是"双鬟短袖"。双鬟即是在头上总发，然后梳成两个圆环的发型，显然是年少的女子。这种发式是女童及未婚少女的惯用发型，梳时两个圆环，左右各一，十分青春的样子。

2.绿鬟荆钗双髻螺，青裙高系小红靴。

明代天顺八年进士李东阳作《茶陵竹枝歌（十首）》。这是其中一首的前半首。后面半首是"阿婆旧是茶城女，教得娃儿能楚歌"。看来说的是楚地装束。绿鬟仍是乌黑发亮的鬟发，荆钗区别于金钗、银钗，是荆条一类植物所制，诗中多指乡村农家女的首饰。"双髻螺"应是指童女、少女的发型，或许是说当地的少女，抑或是说阿婆年轻时的形象？另外几首诗中还有"青衫黄帽插花去，知是东家新妇郎"和"楚娥不识秋千戏，两两沙头接臂行"，绝对的楚地风情。

3.急脚蛮奴髻半斜，客来提楛手双叉。

这是明代历官工部侍郎的董传策所作诗句。"蛮"，应是当时北方人对南方人的习惯称谓，《礼记》中即有。显然是北方人在南方时观察当地女子，"髻半斜"，有人认为是古中原堕马髻一类，也有人认为就是南方一些区域女子梳髻的样式，髻偏向头一侧。除了特有的风格以外，还有一种说法是为了戴斗笠。总之，这是一种南方曾经流行的发髻。

1.明代女子规制发髻是什么？根据什么规律区分等级？
2.发网为发髻创新带来哪些积极因素？
3.列举几种明代典型女子发髻。

第七讲

——

清代发型

课程名称	清代发型
教学内容	时代背景简述 男子发型 女子发型 儿童发型
课程时数	6 课时
教学目的	本章介绍了清代成年男子、女子及儿童的发型特点，引导学生领 会清代"十从十不从"的条例对男性、女性发型特征的不同影响。 使学生掌握中国古代几次民族交流大融合对发型的影响，增强学 生对民族团结重要性的认识
教学方法	讲授法
教学要求	1. 使学生了解清代男子的发型特征 2. 使学生掌握清代女子多样且创新的发型特点及形成原因 3. 使学生熟悉清代大拉翅的造型特点 4. 使学生掌握封建社会后期繁缛风格在发型上的体现及背后原因

第一节 | 时代背景简述

　　清代，是对发型规定最严的一个朝代。从中国多民族执掌政权的历史来看，清代是中国少数民族建立的几个朝代之一，自1644年清顺治帝福临入关到清朝灭亡，共经历了268年。从康熙皇帝开始，采取积极政策，逐渐稳定了社会秩序，使生产力得到恢复和发展。乾隆时，已形成清中期的"乾嘉盛世"。后期逐渐衰落，最后在1912年灭亡。

　　清王朝系满族政权，清朝统治者在入关后，首先令汉族剃发易服，"衣冠悉遵本朝制度"。这一强制性活动的范围与程度是前所未有的。转一年，清廷索性下令："京城内外限旬日，直隶各省地方，自部文到日，亦限旬日，尽令剃发。"若有"仍存明制，不随本朝之制度者，杀无赦"。可是汉族人素持"身体发肤，受之父母，不敢毁伤"的意识，于是在"宁可断头，绝不剃发"的口号下聚集起来，对满族统治者进行多次多处斗争，后来在不成文的"十从十不从"条例之下，才暂时缓解了这一矛盾。"十从十不从"的内容中多条涉及人的整体服饰形象，而且由于是在清代初年约定，因此对清代的服装及发型发展非常重要。这包括男从女不从，生从死不从，阳从阴不从，官从隶不从，老从少不从，儒从而释道不从，娼从而优伶不从，仕宦从而婚姻不从，国号从而官号不从，役税从而语言文字不从。"从"即是汉人可以随满俗，"不从"则是保留汉俗。传说这是明遗臣金之俊提出的，前明总督洪承畴参与并赞同的。清朝廷在非官方场合下接受了这个条例。

　　中国封建社会历经的所有政权，均没有在发型上如此坚决"悉遵本朝制度"的，也没有因发型与本族不同就予以镇压的。只有在这次政权更迭中才出现如此血腥的发型政治事件。清政府不仅在发型，而且在整体服饰形象上，也要各民族均按满族服装样式装扮。其间"十从十不从"中有"男从女不从"一条，方使女性发型、服装保留了本民族的传统。

　　所谓清代服装是清王朝统治期间强制推行的游牧民族服装，在中国服装演变史中是变化较大的一个时期，保留了很多游牧民族的服式与装饰。例如，缺襟袍、马蹄袖及身上所佩小刀、荷包等饰物，都明显带有逐水草而迁徙的生活习俗烙印，而以羽毛制成的花翎，削成马蹄形的女子高跟鞋等，更带有浓郁的大自然风韵，与中原地区长期以来的文儒柔雅之风大为不同。至于其形制，由于两族人民接触广泛而频繁，而且满族人脱离了草原生活进入都市，所以在其演变过程中互相渗透融合，甚至满族人所服之袍渐趋宽大等，这些已不符合原游牧民族服装的特点了。但是，任何官方政令都无法制止民间这种行为。从《清宣宗实录》所记"我朝服饰本有定制，不惟爱惜物力，亦取便于作事，若如近来旗人妇女，往往衣袖宽大，甚至一事不可为，而其费亦数倍于钱，总由竞尚奢靡所致"来看，民族间服饰形象互为影响，是符合社会发展规律的，是不以人的主观意志所转移的。

这一阶段的重点，一是满族统治者强令全国人剃发易服，从根本上改变了全国男性的发型服饰形象。二是满族女性在入关后与汉族人混居过程中，自然而然地衍化出许多新的发型。而且，这些追求汉族发型的女性不仅在民间，而且出现在宫中和贵族家庭中，这就说明在民族交往中，交流融合是自然生成的，任何强制和阻拦都很难挡住时尚流行的大潮。三是清中期出现繁缛的艺术风格，这是中国瓷器等工艺美术品传入欧洲，共同在18世纪形成洛可可风格后又反弹回来的，已明显带有国际交流的痕迹。洛可可风不仅影响到建筑、绘画、织绣，也影响到发型，尤其是发型上的装饰风格。当年的艺术品除了造型繁缛、柔弱外，纹样中多为写生花鸟，还有古器纹样和吉祥图案，如"三代鼎彝""琴棋书画""八宝""暗八仙""如意牡丹""福禄寿喜"等，制作细腻精巧，色彩讲求层次变化，这也使发型名称出现吉祥寓意的倾向。

19世纪末，一批资产阶级改良主义者联名上书，建议变法维新，其内容既关乎政治大事，也关乎生活习俗。例如，康有为在《戊戌奏稿》中称："今为机器之世，多机器则强，少机器则弱……然以数千年一统儒缓之中国褒衣博带，长裙雅步而施之万国竞争之世……诚非所宜。"并要求皇帝："皇上身先断发易服，诏天下同时断发，与民更始。令百官易服而朝，其小民一听其便。则举国尚武之风，跃跃欲振，更新之气，光彻大新。"结果，统治者只在警界与部队之中推行新装，而不允许各业人士随意易服。最有趣味的是，大军阀张勋曾在自己部队换成西式军装后，依然让官兵保留满族的前髡发后留辫子发型，整体形象不伦不类，落得个"辫子军"的戏称。当然，无论统治者怎样阻碍发型服装的变革，都无济于事。随着留学生游历西洋，扩大视野，还是不可避免地出现了着西服、剪辫发的趋势。

第二节 | 男子发型

清代初年，清王朝经由与明遗臣达成的不成文协议，暂时放松了一部分强制措施。但是，最高统治者还是坚持全国男子的服饰形象必须随满族，以此达成一致。在这种"留头不留发，留发不留头"的形势下，汉族男子结束了自古以来数千年的长发梳髻发型，而一律剃去前额头发，将头顶后半部及脑后头发编成长辫。这一来，致使这种发型应用了两百多年，直至清王朝退出历史舞台。

髡发垂辫：这是最典型的男子发式，出于满族，即原女真族习俗，在此基础上又演化出其他稍有变化的发型。如果说当年也有追求变异的现象，那就是加长辫梢，装饰辫穗儿，整体变化不大（图7-1、图7-2）。

官派辫子：也称文派辫子，这是朝廷官员、儒生文人经常留的一种较为正统的辫式。

土派辫子：也称匪派辫子，多为花花公子等梳制。主要特点是辫根松散，周围留短发，辫梢加长等，或是不留辫穗儿，辫子编得很紧等，总之是多些怪异花样。

清代男子发型基本式样在整个朝代都一直保持着，而且覆盖全国。原因在于清王朝在清初年强令汉族男子在服饰形象上随满俗。这从清初朝廷发的政令上即可看出，如"各处文武军民，自应尽令薙发，倘有不从，军法从事"等，态度非常坚决，致使汉族男子无法顾及"身体发肤，受之父母，不敢毁伤"的古训与礼法，而一律改变传统发型（图7-3~图7-5）。

图7-1 清《点石斋画报》上显示的男子发型

图7-2 清男子髡发垂辫

图7-3 清任伯年《玩鸟图》中显示的男子发型及整体形象

图7-4 清任伯年《酸寒尉像》中显示的清代官员正面形象

图7-5 清官员侧后服饰形象

最有意味的是，当清王朝被推翻以后，民国政府不让再髡发留辫时，汉族男子又一次无法接受，乃至想尽办法不剪辫，或是剪辫后不蓄顶前发，也不剃剪头两侧发。更有甚者，准备一条假辫子，参加遗老遗少活动时再戴上。

第三节 | 女子发型

清代政府没有强行要求汉族女子梳满族发型，因而清两百多年间，女子发型经过一个先分后合的历程。先是满族女子进入中原后仍然梳满族传统发髻，汉族女子也梳明末传下来的发型，但在长期共同的社会生活中，两族女子互相吸取又相互切磋，于是创新了多种时尚发髻，直到清末。

一、满族传统发型

满族长期生活在中国东北地区，其女性发型也与男性发型一样，具有明显的民族特色。京剧剧装主要为明代服装样式，而明文化又是唐宋文化的集大成者。值得寻味的是，在不分朝代、不分季节的高度程式化的剧装中，凡是表现西北民族的女性，都是以一身满族发型和服饰的形象出现，如《四郎探母》中的铁镜公主、《红鬃烈马》中的代战公主。剧中的这两位公主，一位是大辽契丹族，另一位是西凉国人士，但一律都以满族服饰形象出现。这一方面说明满族在中国历史上曾有过举足轻重的地位；另一方面也说明在汉族民众中，满族是个异族的代表形象。满族最典型的旗女发型为二把头、旗髻、髷头等。

二把头：这种发型的名称有多种，如"两把头""一字头""叉子头"等。王宇清《历代妇女袍服考实》中记载，具体梳法是先将长发向后梳，分为两股，下垂到脑后，再将其分别向上折。折叠时借助蚊子树上一种黏性的液体，一边压实使之呈扁平状。再向上翻，合为一股，直至前顶再用头绳儿绕发根扎结固定。然后插上"扁方"，再将余发绕扁方，使整个发型呈横平状。发髻上装饰花卉和首饰，侧面还要垂下流苏（图7-6~图7-9）。

旗髻：因为满族人有军队编制，分正红、正黄、正

图7-6 慈禧写真照片留下的女式发型与盛装形象

图 7-7　宫廷贵族女性发型与头饰

图 7-8　宫廷贵妃发型
形象

图 7-9　宫廷贵妃发型
及整体形象

蓝、正白、镶红、镶黄、镶蓝、镶白八旗，便有了八旗的说法。满族女子的二把头也被称为"旗髻"，主要是汉族人称呼，正如旗袍。清叶梦珠《阅世编》中记："顺治初，见满装妇女，辫发于额前中分向后，缠头如汉装包头之制，而加饰其上。京师效之，外省则未也。"

髟头：满族女子的髟头，在古书中释为"髟，发乱貌"，主要流行于东北地区。清缪润绂《沈阳百咏》中写："虚笼两鬓作髟头"，其他清代书中也有多处记载。可是古代南方也有类似发型，特点是两鬓蓬松，作高耸状。

二、汉族传统发型

由于"十从十不从"中有"男从女不从"，因而汉族女子没有像汉族男子那样被强令改装，服饰形象自然包括发型。这样的结果是，清初汉族女子仍保留着明代末年的发型，如水鬓、清水髻、荷花头、钵盂头等。

水鬓：这是典型的明代女子鬓发式样，直接延至清代。梳制过程中，需要用刨花水涂抹，以使鬓发平贴规整，造型利落。刨花水一般是用桐木的木刨花泡在水里使其生成一种带有黏性的水，无味、透明。汉刘熙《释名》中就有记载，言"其性凝强，以制服乱发也"。直至20世纪60年代还有老年妇女使用，笔者的外祖母梳头匣里永远少不了刨花水，与头油、梳子、篦子同为"伴侣"。从近代相关记载中可以看出，这种所谓"水"或"胶"是纯植物质的，至于所用木刨花，除桐木外还有其他树木，湖南一带的蚊子树是否就是桐木一类呢？可以再研究，中国毕竟太广阔了。除使用木刨花外，也有用芦荟汁液的。中国人讲究头发乌黑且有光泽，因而刨花水固定而成的水鬓很有艺术性。

清水髻：这是一种矮矮的垂髻，属于较为随意的一类。书中记载时经常爱说"绾着""绾了一个"等，应是休闲时的发型，即使有装饰，也不过"一支白玉簪"或"几朵茉莉花"。

荷花头：也叫荷花髻，属高髻。梳理时把头发拢到头顶，以丝带系住发根部，然后将其分成数股，卷于顶心，再拿簪钗固定，故而形似荷花。荷花头和"钵盂头"都属于清初新式，但实际上明显带有明代遗痕。

钵盂头：高大滚圆，像是一个扣着的佛教僧侣的钵盂。今人认定清禹之鼎《女乐图卷》中有这种发型。只是，明代"松鬓扁髻"的样式，也有人认定是这幅画中女子发型。我们姑且可以这样认为，清代钵盂头实际上就是自明代遗留延续下来，且确实是清代初年的（图7-10、图7-11）。

除了以上几种，还有牡丹头、盘龙髻、珠髻等元、明时期的发型，长时间在清代应用，只不过属清代初年最为普遍（图7-12~图7-14）。

图7-10　清禹之鼎《女乐图卷》中显示的钵盂头（一说为明代松鬓扁髻）

图7-11　清《胤禛妃行乐图屏·烛下缝衣》中显示的女子钵盂头

图7-12　清任熊《瑶宫秋扇图》中显示的女子牡丹头

图7-13　清末广州外销水彩画《解线》中显示的女子珠髻

图7-14　清末杨柳青年画上显示的女子花髻

三、时尚发型

满、汉两族人民因长时间居住生活在一起，自然融合产生出一些清代特有的时尚发型。这些发型在南北方各有不同，在各族妇女的应用中也有些差异。其式样很多，如百环髻、如意头、平三套等。

百环髻：这种髻有些像荷花头，也是分股盘旋，只不过最终成连环状。

如意头：这是流行于江南的一种发型，属高髻，两鬓的头发修剪成尖角，形似如意。

平三套：流行于清中期，与苏州撅和喜鹊尾等都是同时期的发髻。

苏州撅：流行于清代中期，这种发型较为典型。其样式主要是发髻后垂又高撅，使脑后发髻呈现一种微微高翘的造型，从流行起延至清晚期（图7-15）。

大盘头：这种发髻在脑上略后，盘旋成扁圆形，长期应用（图7-16）。

燕尾：意指辫发成髻后、脑后留下一绺头发，修剪成燕尾的形状。《清宫词》和清代文康《儿女英雄传》中多处提及燕尾（图7-17）。

图7-15 传世照片中的女子"苏州撅"

图7-16 清沁园主人《海上青楼图记》中的女子大盘头

图7-17 清代末年的女子燕尾式发型

除了这些典型清代发髻之外，还有一些流行于清末延至民国初年的，如香瓜髻、一字髻等。

香瓜髻：属后脑发髻，造型如香瓜。

一字髻：梳头时将头发分成两绺，左右各一，编成小辫，再将辫子绾在脑后，呈一字型。

同时期的另有螺髻、元宝髻、连环髻、爱司髻、双盘髻、木鱼髻等。在某一地区流行的有广东的蝶翅双鬟，北京的纂儿和抓髻，苏州的透额垂髻，江苏乡间的盘盘头，华北一带的额前燕尾、额前刘海儿，先在南方流行后在京城普及开来的喜鹊尾等，数不胜数。额发有垂丝式、一字式、卷帘式、满天星等多种（图7-18~图7-27）。

图 7-18 清代绘画中
的女子垂丝式额发

图 7-19 清代绘画中
显示的女子发型

图 7-20 清代绘画
中显示的少女发型

图 7-21 清代绘画中显示的
女子诸式发型

图 7-22 杨家埠年画中
显示的女子发型及饰品

图 7-23 杨家埠年
画中显示的女子发型
及整体形象

图 7-24 杨柳青年画中显示的女子与儿童发型

图 7-25 杨柳青年画中女子发型摹绘

图 7-26 杨柳青年画中女子发型
及饰件摹绘

图 7-27 杨柳青年画中女子发型及簪花形象摹绘

四、冠式假髻

清代最具冠式的假髻应属满族妇女的盛装发型——大拉翅，也叫达拉翅。

大拉翅外形基本上就是两把头，但在清咸丰年间以后，这种高高且可独立成型的假髻愈益考究，至同治、光绪年间逐渐定型。据《近三百年来的中国女装》作者许地山说："这种高髻的发展，可以说是从汉装的'如意缕'演变而来的。形成的程序是从矮而高，从小而大。"大拉翅的"扁方"，比两把头的要大，而且上面插满了首饰，尤喜用大朵绢花。戴用时只需把装饰好的冠式假髻大拉翅往头上一套，即是一个完整的高髻形象。我们如何区分两把头（或称二把头）的发型和大拉翅（亦叫两把头）的假髻呢？前者是有假髻，再绕上真发，后者则是完全固定成型的假髻，用时只需一戴就可以了（图7-28~图7-30）。

图 7-28 清宫贵族女子假髻并
佩戴王冠

图 7-29 清代女子常服所梳
二把头

图 7-30 典型的二把头假髻

清代还有一些仿古拟神的发型，如麻姑髻、观音妆等，也是亦冠亦髻，既讲究装饰的文化性，又考虑到戴用时的便利，总之是越来越讲究以技术手段所形成的特殊效果了。

仅鬏勒这一种假髻，在扬州就有蝴蝶、望月、花篮、折项、罗汉、懒梳头、双飞燕、到枕鬏、八面观音等多种具体样式。也就是说，假髻至清代，不仅仅有旗人的大拉翅，民间也延续并发展了多种样式的假髻。

第四节 | 儿童发型

由于清代统治者是满族，而中国人数最多的汉族又历经契丹、女真、蒙古族的统治，同时与壮族、苗族、藏族等数十个民族错居交流，因而到了清代时，不太受礼制管束的儿童发型呈现出丰富多彩的态势。

比较多见的有丫髻、两角丫髻、丫角等，称呼并不新鲜。最有研究价值的是清代中晚期的民间年画。年画内容分成福禄寿、戏出、婴戏等几类。婴戏或妇婴类题材势必以孩童为主，因而留下了许多新奇的发型，如男童的桃心、女童的抓髻等，生动活泼又极具装饰性（图7-31~图7-37）。

图 7-31 杨柳青年画中的儿童发型

图 7-32 武强年画中的儿童发型

图 7-33 杨柳青年画中的儿童三种发型

图 7-34 杨柳青年画中的儿童四种发型

图 7-35　杨柳青年画中的儿童六种发型

图 7-36　杨柳青年画中儿童发型及服饰摹绘 1

　　在清代初年的"十从十不从"中，不仅有"男从女不从"，还有"老从少不从"，因而清代的儿童发型可以说集中了中国古代各时期各民族的代表样式，无论从历史角度还是艺术角度，都是十分难得的。

图 7-37　杨柳青年画中儿童发型及服饰摹绘 2

延展阅读

古诗词中的发型描绘

　　1. 盘顶红绸里髻丫，细腰雏女学当家。

　　这是清代诗人丘逢甲《台湾竹枝词》其中一首中的句子，写我国台湾地区高山族少女梳着丫髻，丫髻周围又包上一圈红绸。丫髻显然是年幼和未及笄的少女们普遍的发型，这里说明丫髻在全中国大部分地区都长期流行，只是少数民族的丫髻外还包上或盘系上红绸，既突出了少数民族与中原汉族的共同传统，又强调了一些地区少数民族的装饰习惯。

　　2. 春衣白夹骑青骢，……蜡髻蛮姬斗歌处……

　　这是清代诗人黎简在《歌节》中描写的瑶族女性形象。在木棉花盛开的早春时节，一群在艳丽春衫上套着白色夹衣的参赛女子骑着青骢马赶到赛歌会场。这些以蜂蜡涂发、卷发盘髻的瑶族女子，梳着长时间惯用的椎髻，来到斗歌处。据史书记载，以蜡涂发的习俗，主要为"顶板瑶"。瑶族分支很多，邻近民族常以他们的服饰发型特征来分辨并称呼。与发型有关的瑶族支系有背发瑶、背髻瑶、梳瑶、涂头瑶等，与头饰有关的有板瑶、顶板瑶、尖头瑶、角瑶、笠头瑶等。

3.月样团围云样新，上头时节最宜人。盘龙恰配研光帽，堕马浑同折角巾。簪发每愁玉导滑，剪纱偏爱翠毛匀。近来学作女冠子，赢得三郎唤太真。

这是清代康熙十八年举博学鸿儒尤侗的一首诗，名为《髻》，看来是少有的大学士专写发型的诗句，收录在他的《旅次无聊戏作香奁咏物诗二十四首》中。这里写到一种圆圆的发髻，有着云一般的发丝走向。还写到"堕马（髻）"，并写到发髻上的装饰。这是一首完整的诗，最后一句写完了，注有"时髻剪云垂带，号妙常巾"几字，应是当年观察到的时新发型及其上的首服与首饰。

4.今年今日倚春娇，梳得云鬟懒上翘。斜插柏枝花一朵，旁人说是小年朝。

这是明末清初诗人彭孙贻《小年夜词》中的一首。吴地（即今江苏一带）的人以正月二日之夕为小年夜。诗人写"云鬟"，自然像云朵一样可成环也可成圆的发髻，上面斜着插一朵"柏枝花"，也叫"柏子花"。《小年夜词》中的其他几首中，还有"宜春彩胜学人描，新样裁成小步摇"和"五色彩笺漫收拾，喜看百子映红椒"。可以看出，吴地的风俗是在除夕和大年初一以后，年味依然浓郁。

5.枚个双鬐学内家，双行缠瘦努金鸦。连宵小妇长当夕，三日登堂自递茶。

这是彭孙贻《小年朝词》中的一首。吴地将正月初三唤为小年朝。这首诗应该说的是年轻女性，"小妇"或许是新娘。同在《小年朝词》中的，还有一首写到发型："薄施妆粉髻鬒鬖，柏子斜拖百宝簪。通草巧花连日换，就中爱插是宜男。"这里不仅说到发髻，还有头上的首饰。通草做成的花是假花，每每精巧至极。"宜男"花是希望生个儿子，借花名讨个喜庆，"柏子"也是谐音为"百子"，毕竟古人喜欢多子多福嘛！

课后练习题

1.清代男子的发型是如何确定的？

2.清代女子的发型发展有哪些规律？

3.列举清代儿童发型两例，分析其装饰特点。

第八讲

20世纪上半叶汉族发型

课程名称	20世纪上半叶汉族发型
教学内容	时代背景简述 男子发型 女子及儿童发型 趋于成人化的儿童发型
课程时数	4课时
教学目的	本章介绍了中华民国建立至中华人民共和国成立前的发型特点，引导学生认识到民国推翻清朝后民众发型的巨大改变，帮助学生理解男子发型不仅在外形上发生了变化，而且男子的心理上也发生了变化，多样新颖的女子发型更是迎来一个全新时代。由于国外发型服饰的引入，特别在西方工业革命的影响下，致使成人、儿童效仿西方发型。使学生了解发型不仅是个人选择，更是一个时代的外显特征，会受到时代政治文化背景的影响
教学方法	讲授法
教学要求	1. 使学生了解该时期对清代发型的后处理方式 2. 使学生掌握该时期男子、女子及儿童的发型特点 3. 使学生理解发型改变的多方面原因 4. 使学生掌握外来文化对发型的影响及后果

第一节 ｜ 时代背景简述

如果以常规的历史断代，从清末 1840 年鸦片战争起，至 1919 年五四运动以前，属于中国近代时期，五四运动以后进入现代。本书为考虑发型流行的独特分期方式，特将古代与近代、现代等概念打破，在这一阶段中主要论述中华民国建立至中华人民共和国成立前（基本处于 20 世纪上半叶）的发型。

伟大的民主主义者孙中山是中国新兴资产阶级的代表。在孙中山先生的领导下，中国人民包括资产阶级革命派做了艰苦卓绝的革命工作，多次举行武装起义，终于在 1912 年推翻了封建社会最后一个王朝——清政府，结束了两千多年的封建帝制，创立了中华民国。

清王朝灭亡，发型为之一变，这一方面取决于朝代更换，满族不再作为统治者主体，也就不再坚持髡发留辫；另一方面也是受西方文化冲击所产生的必然结果。进步人士在戊戌变法中提出剃发易服，虽然未能成功，宣统初年的外交大臣伍廷芳再次请求剪辫易服也未能奏效，但辛亥革命终于使近三百年的辫发陋习除尽，也废弃了烦琐衣冠，并逐步取消了缠足等对妇女束缚极大的习俗。20 世纪 20 年代末，民国政府重新颁布《民国服制条例》，其内容主要为礼服和公服；20 世纪 30 年代时，妇女装饰之风日盛，发型改革进入一个全新的历史时期。

本讲内容虽说主要是民国，但中国人遭受西方帝国主义列强侵略欺辱的起始，却至少从鸦片战争算起。1840 年 6 月，英国发动侵华战争。8 月 9 日，英国 8 艘军舰北上，驶抵天津大沽口外。8 月 11 日，英司令要求清政府接受《帕默斯顿致中国皇帝钦命宰相书》。1856 年 10 月，英国挑起第二次侵华战争。1857 年法国和英国组成侵华联军。1860 年 8 月，天津陷落。10 月 24 日、25 日英法两国强迫清政府分别签订了《中英北京条约》《中法北京条约》。从此，中国历史上掀开了灾难深重的一页。

1900 年 6 月，英、法、美、俄、德、日、意及奥匈帝国组成侵华联军，史称"八国联军"。7 月，八国联军组成了"都统衙门"，由各国军官共同管理天津城厢事务。天津是中国租界最多的城市，但不是最早被划为他国租用地界的。早在 1845 年 11 月，清政府就被迫与英国领事共同公布《上海土地章程》，设立上海英租界。此后，美租界、法租界相继辟设。1860 年至 1945 年由英、法、美、德和比利时等国通过签订不平等条约，在天津相继设立拥有行政自治权和治外法权的租界地。最高峰时有9个国家在天津设立租界。另外，湖北汉口和广州，也是被非法占领的城市。其他如青岛、大连等港口城市也均沦落在帝国主义列强的殖民统治之下。

由于20世纪上半叶的中国处于如此被西方列强欺辱的时期，因而广大汉族人发型，呈现出与其他历史阶段完全不同的走向。正是由于受到列强殖民统治，部分地区改变了一些大城市的生活方式，因此在发型上出现了城市与乡村的区别，受殖民统治的城市与不受殖民统治城市的区别，还有革命根据地与国民党统治区的区别。

1921年，中国共产党成立，中国共产党领导中国人民反封建反帝国主义，尤其是广大共产党员们倾尽一身热血抗击日本侵略者，后又将国民党反动势力彻底消灭。中国共产党在1921—1949年的艰苦卓绝斗争中，建立了延安、井冈山等多个红色革命根据地。当年的爱国青年纷纷前往延安等地，以满腔热血投身革命，因此这些红色根据地人们的发型和服饰形象与其他地区有明显不同的风格。

可以这样说，20世纪上半个世纪，风起云涌，中华民族经历了翻天覆地的变化，发型自是客观环境加上主观意识的综合表现，因此也出现了复杂多样的发型，统一在整体服饰形象之内。

第二节 | 男子发型

清朝是中国最后一个封建王朝，在其退出历史舞台后，人们早已将落伍的男性长辫视为一个焦点。民国政府和有识之士呼吁剪掉长辫，街上剃头挑子的师傅们也纷纷加入这一轰轰烈烈的运动之中。这时候，出现一个有趣的文化现象，清初时曾因不满髡发蓄辫而勇猛反抗以致血流成河的汉族男性，在时隔近三百年后，竟又惜辫如命，坚决反对剪掉辫子。于是，围绕辫子乃至外来发型的应用又引起不小的风波。其中，最值得我们深思的是，内在的意识决定了外在的形象，而这一切都统一在政治文化的社会大思潮之内。也可以这样说，发型这一艺术形式绝不会悬浮于社会文化之上的。   .

一、对清代发型的后处理

强令全国男性必须髡发留辫的清王朝被推翻之后，民国临时大总统孙中山曾发布一系列命令，其中就有《大总统令内务部晓示人民一律剪辫文》提出"今者清廷已覆，民国成功，凡我同胞，允宜除旧染之污，作新国之民……凡未去辫者，于令到之日，限二十日，一律剪除净尽，有不遵者，（以）违法论"。为什么民国如此三令五申呢？主要是因为民众有惰性。早在清末《戊戌奏稿》中，康有为就义愤填膺地说到，只有革新，包括发型着装，才能够"举国尚武之风，跃跃欲振，更新之气，光彻大新"。可是到了清王朝灭亡之后，还有不少人看不惯剪辫，京都一时传唱："革命党瞎胡闹，一街和尚没有庙。"如此看来，发型不仅仅是服饰形象中的一部分那么简单。

剪辫在民间遇到很大阻力。在不得不剪之后，许多中老年男性就采取一种迂回的抵制行为，即辫子剪掉但鬓发的前头顶依然剃得精光。而齐刷刷剪去又留下的后头顶和后脑头发就那样散着，一时成为封建遗老遗少的典型发型。这种形象当年在北京被戏称为"帽缨子"，流行了很长一段时间。在天津，直至20世纪50年代还能听到有人将类似发型称为"马子盖"（图8-1），民间传说是民国初刚剪辫又舍不得的人就留这种发型。新中国革命题材电影《红色娘子军》中地主南霸天的发式就是马子盖。如果电影有所依据的话，那就等于20世纪20至40年代时，海南岛上的地主老财仍然保留这种民国初年的流行发式。

剪辫风波前后，不少出国留学的年轻人早就剪去辫子改留东洋头或西洋头了，可是每逢要回到老家面见长辈，或是参加老派人士举行的活动时，权宜之计就是戴上一个假辫子，好似清代发型一样，这样能瞒过好长一段时间。

图 8-1　剪辫后的"马子盖"发型

二、受外来影响的新发型

中华民国成立之前，中国的部分地区受到欧美诸国和日本的殖民统治。中华民国成立之后，这些国家的人员来到中国的更多，包括商人、传教士及他们的家眷。清朝时，清政府已有组织地派人去西方国家学习，民国之后年轻的进步人士更是千方百计地走出国门，学习使中国富强起来的工业及其军事、医学等知识。这样双向交流的结果，势必使中国年轻人迅速改变固有的服饰形象，从而融入工业革命带来的时代潮流之中，其中必然包括发型。从当年文字记载和画报等资料中的视觉形象来看，男子发型主要有如下几种，如分头（偏分）、背头、中分等。

分头（偏分）：具体式样即是后来普遍称为分头的短发式。因一边保留头发较

131

少，其他向另一边梳，也被称为"偏分"。知识界青年和志士仁人中很流行这种发型（图8-2、图8-3）。

背头：中年男性，尤其是商界人士爱留背头，也称"大背头"，即全部向后梳，然后再以头油固定，使之看上去光滑耀眼，有些富贵的样子（图8-4、图8-5）。如果整体头发较短，也向后梳的，则被称为"小背头"（图8-6）。

中分：将头发从头顶中间左右分开，各向一边梳，中青年男性中有一些人喜欢梳这种发式。在新中国革命题材电影中，梳"中分"的多为"特务""汉奸"，实际上当年这是一种较为普遍的发型。同时还有的分发线介乎于中分和偏分之间，即略向一侧分发（图8-7~图8-9）。

光头：民国初年剪辫后，最省事的就是将头发全都剃光，于是光头很常见。中老年人或许因头发脱落，所以光头的形象最多，也有年轻人发际线后移的，索性剃个光头（图8-10、图8-11）。

平头：将头顶头发剃短，再将双耳上方和脑后头发剃成坡形，头顶仅留一两厘米。这种发型虽然可以统称为平头，可实际效果却相差很大。例如，周围坡状规整呈渐进式，多为知识界人士；头顶平状而周围几乎没有，则多为劳动者；陕西一带农民很多是只保留前头顶头发，其他基本剃光。所以说，平头的些许变化可反映出人们的职业与身份（图8-12~图8-14）。

总之，推翻封建王朝后的男子发型，说明了在中国延续数千年的束发成髻和髡发梳辫都已经远去。从此，中国男性发型的本国特色不再明确，基本与世界同步了（图8-15~图8-17）。

图8-2 男子偏分发型与女子烫发

图8-3 年轻男子偏分发型

图8-4 典型的男子背头样式

图 8-5　男子背头加上偏分

图 8-6　男子小背头发型

图 8-7　典型的男子中分发型

图 8-8　男子中分发型

图 8-9　介乎于中分和偏分之间的
分头

图 8-10　年轻男子光头形象

图 8-11　中年男子光头形象

图 8-12　典型的男子平头

图 8-13　年轻男子的平头形象

图 8-14 男性新式平头

图 8-15 20 世纪 30 年代全家福中显示的各年龄段男子发型

图 8-16 20 世纪 30 年代婚礼合影中显示的各年龄段发型

图 8-17 20 世纪 40 年代大学生
合影中显示的男子发型

第三节 | 女子及儿童发型

　　民国开始的女子发型，可以说发生了翻天覆地的变化。变化之一是从不许剪断的头发可以剪短了；变化之二是发髻不再是女子发型的主流；变化之三是有了人为干预的烫发，从根本上改变了蒙古利亚人的头发形状。值得欣喜的是，妇女在很大程度上获得了解放，剪短头发在很大程度上等同于将千年缠足之风刹住。头发梳理的方式灵活了，发型丰富了，不能不承认女子发型迎来一个新的时代。

一、知识女性的时尚发型

知识女性很容易接受新事物。发型不是独立于社会生活之上的，自然体现出人们对社会变革的感知。推翻封建制度的中国女性，在发型上尽量解放自我，她们的发型有短发、烫发等。

短发：剪短头发，前额可留一排头发齐眉，俗称"刘海儿"，也可以掠向一边。其余头发可剪至与耳垂平齐，这是当时充满朝气的一种发型。女学生短发齐耳，农村妇女短发可齐肩。20世纪20年代的女学生们，不但剪短头发，而且将旗袍缩短，多用蓝色面料，同时在左胸前绣上"革命"二字，这是旧民主主义革命表现在发型服装上的一抹亮色（图8-18~图8-23）。

图8-18 1925年瓷瓶上显示的女学生短发形象

图8-19 瓷瓶上显示的女教师短发形象

图8-20 瓷瓶上显示的女子时尚短发

图8-21 电影明星的时尚发型

图8-22 女子时尚短发与珠饰箍发

图8-23 半传统女子时尚短发

烫发：属于蒙古利亚人种的中国人，头发是黑又直的，绝大多数人没有卷发，只有极少数的人头发自然卷。因而，西方文化东渐后，中国女性也开始用电烫和火烫方式将自己的头发烫成卷发。这种势头始于20世纪30年代，都市中的中上层家庭女性都热衷于烫发（图8-24~图8-31）。

图 8-24　女子烫发形象

图 8-25　不对称烫发样式

图 8-26　烫发的摩登女郎

图 8-27　20 世纪 30 年代广告中的女子烫发形象 1

图 8-28　20 世纪 30 年代广告中的女子烫发形象 2

图 8-29　20 世纪 30 年代广告中的女子烫发形象 3

图 8-30　20 世纪 30 年代广告中的女子烫发形象 4

图 8-31　不对称时髦烫发样式

一般地区的女性家里有铁质烫发器，用时将其放在炉火上，烧至热度够了又不至于烧焦头发时取出来，一手捋出一绺头发，另一手用烫发器卷，固定一会儿就可以成形了。大城市里理发店有专门的烫发电热盘，这个盘上有许多接着长长电线的金属发夹，平时在理发椅上方房顶安装，用时可将发夹一个一个地拽下来，夹在顾客卷好卷儿的头发上，根据发质和造型要求确定电热时间，取走电热盘上的电夹后，任凭理发师梳理，便可梳出西方女性的发型。

　　一些女性在烫发同时还染发，染成金黄色更接近西方妇女。当年如此打扮的一为高层贵妇，二为交际花。这些女性烫成金黄色头发后，往往配穿锦缎旗袍、玻璃（尼龙）丝长筒袜、高跟皮鞋等，冬天时外罩裘皮大衣，搭配裘皮手笼。

　　盘髻：我们通常认为，近代都市人盘髻多为老年妇女，其实不然，已婚年轻女性也很讲究梳时尚发髻。从老照片上可以看到的有"一字髻"，将两耳旁头发梳成股或编成辫，然后汇集于脑后，成"一"字形。还有"香瓜髻"，也是因形取名（图8-32~图8-38）。另有"东洋头"，是与"西洋头"同时，都是清末民初的产物。所谓"东洋头"，即是仿日本女性的发型，殊不知，这种发型正是日本在中国隋唐时期从中国全盘引进的。"东洋头"也叫日本头，这种梳妆形象连同日本木屐、二趾袜等都是在中国唐代服饰形象的基础上演化而来的。总之，清末民初恰值中国打开国门，受外来文化影响的发型自然是蜂拥而出。

　　当年的《上海漫画》上，有画家专门描绘了20世纪30年代前后大城市舞女和交际花的发型，其中有"喜鹊尾""双翘辫""椎髻式"等十余种，极尽奇诡，以怪显美，正是这些女性不受束缚的发型，掀起了一场近代时髦发式运动（图8-39~图8-45）。

图8-32　传统婚后女子梳髻

图8-33　前有刘海儿后梳髻的
　　　　　年轻女子

图 8-34　瓷瓶上的女子传统发髻
和时尚发髻

图 8-35　瓷瓶上的女子各式发髻

图 8-36　瓷瓶上的女子髻头发髻

图 8-37　时尚女子发髻

图 8-38　老年妇女传统发髻

图 8-39　女子时尚发型

图 8-40　20 世纪 20 年代明星
发型 1

图 8-41　20 世纪 20 年代明星
发型 2

图 8-42　20 世纪 20 年代明星
发型 3

图 8-43 广告上显示的女子时尚
发型

图 8-44 广告上显示的女子由传
统演化为时尚的发型

图 8-45 家庭姐妹照中显示的20
世纪 40 年代末的女子发型

二、平常人家的单双发辫

在清末民初，一些平常人家的女子喜欢或说习惯梳辫。额前发可剪成"刘海儿"，也可以随着头发后梳，还有的用发卡夹住散发。

女子梳辫一般是未婚，这在中国大部分地区，尤其是汉族人中，直至近现代仍秉承着这样一种习俗。婚前姑娘梳辫，结婚当天就要把头发盘上去，谓之"上头"。如结发夫妻，就是指初婚或说原配。

单辫是将头发全部拢于脑后，梳一条大辫子沿后背垂下，有的发根系绳，有的不系就直接分三股编下来（图8-46、图8-47）。

双辫是指将头发从中间分为左右两部分，各在耳后编一条辫子，垂在后背或拨至胸前，编至辫梢时可以用头绳系扎，也可以用绸带扎成一个蝴蝶结。在有些山乡，姑娘梳双辫不将头发从耳后编，而是在耳上，更具乡土气息（图8-48）。

图 8-46 1919 年瓷瓶上显示的少
女梳单长辫，并在辫根系紧

图 8-47 乡村姑娘梳单辫

图 8-48 乡村姑娘梳双辫

139

梳单双发辫的女子为什么说是平常人家呢？这就是说这些家庭一般不是很崇尚西风，还想保持中华传统。但是，并不等于落后守旧，一些女知识分子也梳一根大辫子，倒显得很文静，传统之中蕴含着思考。当然，同为单辫，在梳制上也有些区别，城里人梳单辫一般不扎紧发根，而农村姑娘多爱在发根处以红绳系扎。

三、各地形成的特色发髻

由于中国地大物博，民众居住环境不完全一样、物产风情更是有所不同，因而在摆脱封建体制后，女性发型显现出鲜明的区域性，如包鱼髻、老嫚头、油花头等。

包鱼髻：流行于苏州一带。《苏州风俗》书中记载，中等人家之旧式女子爱梳这种发髻，梳好后爱在鬓边再插一枝或一朵鲜花。

老嫚头：浙江绍兴地区地位较低的已婚妇女热衷于梳这种发式，高髻，长20厘米，宽6厘米左右，属当地土俗。

油花头：青海河湟地区长期流行油花头，因用线和发网缠成的发髻样式酷似当地面食中的油花，故得名。

披髻：浙江舟山一带梳制较多，脑后发髻形如蝉髻，有多种称呼。

鬏鬏：山东、河北一带老年妇女的脑后髻，因为打理简单，常被称为"鬏儿"。

高纂纂：甘肃洮岷地区的高髻，婚后妇女专用，需用铁丝网罩，并用红头绳扎系。梳制时用胡麻水涂抹，使其黏固并发亮。

绾纂纂：陕西、河北地区多用的圆形脑后髻。一般是将头发梳拢脑后，用缠上黑绒线的铁丝网固定。这种发髻在华北一带多为扁圆形圆凸发型，延续时间很长，直至20世纪60年代前期还在老年妇女中应用（图8-49）。

类似这种在某一区域出现并流行时间较长的发髻样式很多，称呼也五花八门。生命力越强的，应用也就越广泛，因而数不清的发髻式样深深扎根于民众之间。

图8-49 老年妇女发型

第四节 | 趋于成人化的儿童发型

中国最后一个封建王朝——清朝退出历史舞台之后，中国人的发型和服饰明显受到国外影响，有西方国家，也有明治维新后迅速提升工业水平的日本。这种现象直接缘于生产力的差异，由于当年中国科技和工业落后于西方，因而当时中国的发型也被认为是落后形象的标志。向西方看齐，致使成人发型西化，随之而来的便是儿童发型也趋于西化，或说趋于成人化。以前那些典型的儿童发型不见了，取而代之的是成人发型的简化，如小平头等。只有低幼儿童才会保留一些百岁毛和小辫等，而且多是在农村地区。

比较起来，儿童服饰中保留传统的较多，如三角兜兜、百岁银锁，甚至手镯、脚镯等，而发型则不那么热衷传统了，我们从一些传世照片上能看到当年儿童发型的概况（图8-50~图8-55）。

图 8-50　1928 年照片中显示的儿童发型

图 8-51　乡村少年发型

图 8-52　1943—1944 年照片中
显示的儿童发型

图 8-53　1943—1944 年照片中显示的男女童发型

图 8-54　20 世纪 40 年代儿童发型 1

图 8-55　20 世纪 40 年代儿童发型 2

延展阅读

社会语言中有关发型和首饰的词汇

1. 发妻：指男女成年后第一次婚配的妻子。汉代苏武曾写有"结发为夫妻，恩爱两不疑"的诗句。后来文学作品与日常语言中经常出现，指原配夫人。

2. 裹头奴：原指把全发包起来的侍婢，后借以称妾。清曾衍东《小豆棚·郑让》中有"客中寂寞，新购得一裹头奴耳"。

3. 结发：一般指成人礼后，即男戴冠、女束发后第一次结婚为"结发夫妻"。据说古代婚俗中有一种仪式，是把新郎左边的头发和新娘右边的头发结在一起束发共髻，表示不离不弃，白头到老。《古诗为焦仲卿妻作》（即长篇叙事诗《孔雀东南飞》）中写："结发同枕席，黄泉共为友。"

4. 寒荆：以荆作钗，区别于金银簪钗，一则因贫困，二则显俭朴。相传后汉梁鸿、孟光夫妇婚后，孟光即戴着荆条做成的头钗，对丈夫举案齐眉。《太平御览》引《列女传》写："梁鸿妻孟光，荆钗布裙。"同类词有"荆布""荆妇""荆妻""荆人"等，后用来谦称自己的妻子。

5. 抓髻夫妻：抓髻指古代童年和少年时梳的发髻，意指从年轻时结婚的夫妻，同"结发夫妻"。《新儿女英雄传》中有："小梅说：'咱们抓髻夫妻，好歹我都要担待着点儿！'"

6. 总角夫妻：同"抓髻夫妻"，也是指古代少儿梳总角时就订婚的夫妻。邓友梅《那五》中有："她和过大人总角夫妻，一辈子没红过脸。"

7. 簪笏：冠簪和笏板，二者都是古代高级官员上朝时必备的。因此，文学作品中常以"簪笏"代指官吏。杜甫《将晓二首（其二）》诗中写："归朝日簪笏，筋力定如何。"再如"簪笏成行，貂缨在席""簪缨""簪组""簪珑""簪裾"等也属于这一类字词。

8. 平头：原本是普通民众常梳的一种发型，区别于高髻，又没有戴冠，因而自古被借指无官职、无财富和无权势的普通人。至今仍有自称"平头百姓"的说法。宋陆游《兀坐久散步野舍》诗中有："赤脚舂畲粟，平头拾涧柴。"

9. 黔首：束发外裹黑头巾的人，主要称庶民、平民。《史记·秦始皇本纪》中有"忧恤黔首，朝夕不懈"。

10. 断发文身：截断头发，在皮肤上刺绘花纹。这种确属原始部落的文化行为，后被泛指未开化地区。《左传》《庄子·逍遥游》中均有"断发文身，裸以为饰"和"越人断发文身"等描述。

11. 广袖高髻：宽大的衣袖，高耸的发髻，后被泛指风俗奢靡。起始是汉代童谣："城中好高髻，四方高一尺；城中好广眉，四方且半额；城中好大袖，四方用（全）匹帛。"白居易又在诗中云："闻广袖高髻之谣，则知风俗之奢荡也。"

12. 粗服乱头：粗布衣服加未经整理的发型。语出《世说新语·容止》，形容士人裴令公有俊容仪，不穿冠冕，而以粗陋衣装和蓬头乱发出现，依然如玉人一样光彩照人。后用来形容不加修饰的有才有德之人。还有一反其意的用法，是代指在服丧的孝子。

課后練习題

1. 清末民初发型出现哪些大的变化？举例说明。

2. 清末民初男子发型呈现何种趋势？

3. 清末民初女子发型的发展轨迹有几条？

20世纪上半叶少数民族发型

课程名称	20世纪上半叶少数民族发型
教学内容	时代背景简述
	北方地区少数民族发型
	西北地区少数民族发型
	西南地区少数民族发型
	中南等南方地区少数民族发型
课程时数	6课时
教学目的	本章介绍了中国少数民族发型的特点，使学生认识到我国少数民族服饰、发型的多样性，领会少数民族发型和整体服饰形象的艺术价值及永恒魅力。帮助学生探索各少数民族不同生产方式、地域环境、社会文化对服饰、发型产生的重要影响，提高学生欣赏少数民族服饰与发型的传统美、自然美、艺术美的能力
教学方法	讲授法
教学要求	1. 使学生了解中国少数民族发型的主要特征
	2. 使学生掌握少数民族的发型类别及分布情况
	3. 使学生理解少数民族发型多样性的影响因素
	4. 使学生真正认识到少数民族发型的艺术价值

第一节 ｜ 时代背景简述

在历史上，中国即是一个统一的多民族的国家。20世纪50年代，中华人民共和国政府，经过仔细采访、征求意见，并加以科学划分，从而确认为56个民族，其他尚待识别。除汉族以外的55个兄弟民族，人数只占全国总人数的6%，因而习惯上称其为少数民族。但其占地面积占全国总面积的50%~60%，分布地区很广。有些地区以一族为主，如西藏、新疆、内蒙古等地；而有些地区却杂居着20余个民族，如云南，即是民族最多的省份。

自古以来，各族人民一道生活在这块华夏大地上，共同开拓了辽阔的疆域，发展了繁荣的经济，创造了灿烂的文化。少数民族多居住在边疆地区，在保卫祖国的正义战争中历尽艰辛，屡建功勋，并以其各具特色的艺术风格将祖国艺术宝库点缀得多姿多彩、五光十色。

在发型和服装中，各少数民族因受其地理条件、气候环境、传统意识和生产方式的影响，在漫长的岁月中形成了自己的风格。至20世纪中叶，各民族的服饰形象风格已然成熟。由于工业文明至20世纪50年代末还未渗入这些地区，因此各民族基本各自保留了本民族发型和服装的特点。当然，因邻近民族的相互交往互受影响，同一地区的不同民族由于其客观条件相近，又往往有许多共同之处，所以细分起来又有差异。从文化的角度看，这里有许多规律可循。

从整体服饰形象看，我们曾总结归纳为几点，如由相近环境和交往所形成的异中之同。从目前确认的55个少数民族服饰风格来看，基本无一雷同，但有几个民族异中也有相似之处。查其居住地区便可明了，某一地区的几个民族服装往往较为接近，如内蒙古高原和东北平原的蒙古族、鄂伦春族、达斡尔族、鄂温克族皆为长衫、皮袍、束腰带、扎头巾、戴皮帽，其样式也相差无几。居住在青藏高原的藏族、门巴族、珞巴族、裕固族、土族等也多为宽大缘边皮袍、头戴皮帽、足蹬皮靴。以上两地区人民，由于地处高原或纬度接近北极圈，天气寒冷且变化无常，多从事渔猎畜牧经济而就地取材，所以多用皮毛制作服装，宽大遮体，以求御寒。而处于西南边陲山区水乡之黎族、壮族、瑶族、苗族、布依族等数十个民族的服装又因为居住于亚热带地区，农业繁忙，风景怡人，近山近水而多为紧身、轻巧、利落、适体，裸露部位多，形成共同特点，如无领、赤脚，以布掩为裙，缠包头、戴斗笠以防雨遮阳等，尤其男子的服装因变化较少而几近一致，在其衣服与饰品风格中明显体现出山地的苍翠与水乡的秀美。真可谓一方水土养一方人，一方人有一方人自己的生活、生产方式和文化艺术活动。当然，还有一点不可忽略的因素即是邻近民族的相互影响。

再有一点，是由散居加闭塞所形成的同中之异。从中国版图上看，有些少数民族聚居一处，有些少数民族却散居几处乃至数省或全国，甚至有些民族跨国界而居。基于这种特殊原因，极易出现民族相同却服装不同的现象。例如，回族，其居住地遍及全国，虽然保持男子着白布帽、黑坎肩的习惯，但女子服装却各随当地某些服装，有的依然以围巾裹头，连同颈间；有的则不太明显，民族之内也会不完全一样。同是傣族、黎族、仡佬族、德昂族、彝族等民众，因散居几处而形成各自不同的服饰特点，从而被其他民族称为某地的、某服式的、某服色的、某习俗的某某族人，这些在发型中也可以体现出来。至于其原因，可以概括为两点，一点说明与地区有关，如同一族人，居山里者，裙略短便于攀登；居平原者，裙略长踏草行垄；居水边者，衣简洁适于涉水和洗浴，从而在一族服装款式中产生变化。另外，也说明某些民族地处穷乡僻壤，交通不便，彼此接触甚少。久而久之，一个村落、一片竹楼也会有自己的特色服饰形象。这种现象给文化研究工作带来困难，同时也说明祖国艺苑中万紫千红、争奇斗艳之势呈喜人之象。

还有一点，由族源、习俗不同所形成的独特之处。每一个民族的形成都不是偶然的，或源于某一古老的部落，或是某一个部族的分支，再便是由于某种原因留居或迁徙一地而逐步演变而成，因此保留和渐变成本民族的习俗，其中自然包括发型、服装。例如，新疆地区的维吾尔族、哈萨克族、乌孜别克族等，位于中国古代通往中亚的丝绸之路必经之处，属于鲜卑、突厥、乌孙和柔然等古国或隶属以上几国，也许是从中亚迁来。他们活泼好客，能歌善舞，多信奉伊斯兰教，女子多梳多条长辫，其服装也主要是小帽、长衫、敞口裙、高筒靴，明显受到中亚、西亚以至欧洲的影响。尤其是从西伯利亚迁来的俄罗斯族，大多继承着原有的发型、服装与习惯。再如岷山、岷江地区的羌族，其先辈以畜牧业为主，因而有"西戎牧羊人"之称，男女喜欢着羊皮坎肩，将皮毛露于缘外。另外，源于渔猎部落的仍爱以羽毛、贝壳为饰，如满族、赫哲族、壮族等。信仰佛教的常挂上几串念珠，如藏族、门巴族、土族等。再如毛南族青年以花竹帽相赠，德昂族青年以绒球表心意，傣族姑娘以挎包作信物等民间习俗，都对发型、服装的风格产生了深远而巨大的影响。

最重要的一点，是传统美、自然美与艺术美的高度统一。这应该不仅包括发型、服装，对于其他艺术来说也是相通的。

遍览中国少数民族发型和整体服饰形象的塑造，可以看出其绝妙的艺术价值及永恒魅力，正在于传统美、自然美与艺术美的高度统一。其款式、色彩、图案的千变万化令人目不暇接，尤其对于久居城镇之人更可增添原生态的审美感受，好像呼吸到一股夹杂着土香的新鲜空气。我国少数民族大多居住在高山、丛林或江河水边，出于种种原因，对外交往过少，生产力也普遍低下，而且发展缓慢。但是，弊中有利，他们生活在大自然的怀抱之中，得到自然界的慷慨恩惠与有益启示，从而唤起丰富的幻想与惊人的灵感。人们就地取材，因材施艺，设计出适合自己生活环境的各种服装。又采用矿物和植物染料，将纯正、明快、鲜艳的颜色印染在衣裙之上，再以彩线绣出本民族的图腾及其他崇拜物，绣出自己所熟悉的山水、花鸟、树木等。并且佩戴显示勇敢、俊秀或开朗、柔媚，以及代表原始宗教信仰和寓以吉祥含义的装饰品。更主要的是，各少数民族有自己引以为豪的独特发型。例如，彝族的"天菩萨"，这是祖上传下来的珍贵的文化遗产，集中表现了原始宗教信仰等传统文化基质。

摆在当代人面前的是，对于少数民族传统发型如何继承、保留下来呢？当然，发型不是孤立存在的，它必须包含在人的整体服饰形象之中。只是，单凭"非物质文化遗产"的发掘与整理就可以保留吗？放在博物馆中展示，就能让它永远保持静止了吗？少数民族地区为旅游所穿起来的特色服装，都会在表演之后换下来，那么发型还能保持原样吗？当少数民族中的青年人走出大山，外出工作时，还会想起祖辈的发型吗？传统服饰可以在盛大喜庆的活动时穿起来，那发型呢？做成假发保留下来？由于少数民族展示本民族服饰形象时，更多的是戴着头巾或帽子，因而特色发型很容易被疏忽。这是一个需要思考的问题。

第二节 ｜ 北方地区少数民族发型

为了更清晰地论述少数民族发型，笔者将按照地理位置的分布来论述。由于各民族有一个相对稳定且相对集中的居住地，但这些民族往往还有在其他区域生活的，所以这里只是选择最具代表性的生活地区，粗略地划分。这里的北方地区指东北三省（黑龙江省、吉林省、辽宁省）和内蒙古自治区（北方地区的少数民族主要有满族、赫哲族、鄂温克族等）。

满族：传统发型是前髡发后垂辫。男子一生和女子婚前基本都是这种发型。有一种说法，由于长期狩猎生活，眼前没有发辫实际上更利落。至于为什么脑后留一条大辫子，有人说可以在野外休息时枕辫而眠，这好像有些牵强。为什么每逢需要快速赶路或干重活时，可以把长辫子缠绕在头上一圈呢？实际上，长辫有时会显得拖累。如果从功能上来追溯这种发型的起源，恐怕还不及从图腾信仰和民族习惯等文化元素上去寻找密码。

满族女子结婚后会梳两把头式的发髻，尤其盛装时会用"大扁方"固定。中老年妇女常梳一种"盘头髻"，也叫"盘盘髻儿"。具体梳法是将头发集中于头顶或脑后，绾成两三层，再使其形成一髻，用簪固定，明显区别于汉族。

赫哲族：以渔业为生，聚居在乌苏里江沿岸。发型与汉族接近，女子也是未婚梳辫，婚后盘髻。赫哲族因生活环境寒冷，一般总是男戴皮帽，女罩头帕，头帕边缘多露出头发上的首饰与鲜花（图9-1）。

鄂温克族：其名称原意为居住在大山林里的人们，有的从事农业，有的游牧，有的以养驯鹿为生。鄂温克族少女爱梳8条小辫，婚后改梳两条。女子均用一种黑色发套，将辫子套在里面，然后在发套垂下的一端装饰银圈银链。新婚女子还爱系上三角银牌饰，并将缀满饰件的发套垂至胸前。

鄂伦春族：游牧民族，因常年生活在黑河、大兴安岭和呼伦贝尔地区，所以男女老少都离不开皮帽。鄂伦春族因分居几处，发型不尽相同，有的近似汉族；有的少女时不梳辫，订婚后修鬓角、梳双辫；还有的将发辫盘绕在头上。一般来说喜欢戴头箍。

达斡尔族：中国最北方的少数民族之一，主要从事田园耕种和牧、渔、猎等多种经营。由于地处寒冷地区，达斡尔族人也是常年戴帽。有的地区的达斡尔族女子讲究少女时留短发，婚后将头发向后梳；30岁后将头发梳至头上以发卡固定；40岁后开始正式盘髻；到了50岁后，盘髻已在头顶正中，再罩上黑色纱网。

朝鲜族：中国东北的一个少数民族，主要聚居在吉林省延边朝鲜族自治州，其他分布在黑龙江和辽宁两省。朝鲜族服饰非常有特色且全民族统一穿着，但发型的细微变化因居住区域不同，形成了许多独特的习俗。例如，有的地区是少女梳双辫，婚后改成单辫；也有的是少女梳单辫或双辫，结婚后，特别是中年之后脑后盘髻（图9-2）。

蒙古族：居住于中国正北方，其发型习俗与历史上的东北诸民族接近。男子有髡发，即剃发习俗。女子梳辫后有缠绕于头部的梳制方法。由于游牧民族的生活常态是平时相对独立，只有那达慕大会等活动时才聚会，因而发型习俗也各有特色（图9-3）。

图 9-1 赫哲族女
子发型

图 9-2 朝鲜族中年和
青年女性发型

图 9-3 蒙古族男子发型

第三节 | 西北地区少数民族发型

　　中国西北地区，是人们的一种习惯称呼，在本书中是指宁夏回族自治区、新疆
维吾尔自治区、甘肃省、青海省。西北地区的少数民族主要有回族、维吾尔族等。

　　回族：不仅生活在宁夏，而且遍及全国。由于信仰伊斯兰教，因而回族传统男
子要头戴小帽；传统女子则要戴帽子，还要围头巾。至于发型，男子以短发为主；
女子则将头发盘绕于头上，年长者则盘髻于脑后。

　　维吾尔族：女子的多辫发式为大家所熟知。一般 3 岁以上至婚前（有些地区至
14 岁或 15 岁）梳 10 余条细辫，辫数可多达 41 条，但一定要单数。婚后，改梳成两
条或四条，多用双数。维吾尔族女子梳头时爱用杏树
木片泡制的水胶抹头发，因此，梳成的小辫齐整光亮，
可多日保持造型不乱（图9-4、图9-5）。

　　哈萨克族：女子平时戴帽子或头巾，年轻女子可
单独戴帽或单罩头巾，中老年妇女则多戴头巾，且围
裹得很严。典型发型是长辫，可垂可盘。

　　柯尔克孜族：女子在少年时梳多条小辫，婚后改
梳两条。平时爱用绣花的带子系扎发辫，直至辫梢垂
有银饰，有的还用链饰将两条辫子系在一起（图9-6）。

　　俄罗斯族：因属于欧罗巴人种，因此头发为金黄
色，生来带有卷曲，女性可以再经烫发修饰，让其自

图 9-4 维吾尔族男、女发型

然飘散，也可以梳辫、盘辫或盘髻。少女常梳多条长辫。

塔吉克族：少女讲究梳多条小辫，并在辫梢系上彩色线和银线。新婚女子则改梳四条大辫，再在辫梢装饰一排白色纽扣或银币（图9-7）。

图9-5 维吾尔族少女多辫式发型　　图9-6 柯尔克孜族男、女发型　　图9-7 塔吉克族男、女发型

锡伯族：其生活在新疆和东北的人家，一般都严格遵循传统习俗。婚前少女梳辫无规定，婚后都在背后垂两辫，再盘绕于头上。女性年长些则梳髻（图9-8）。

裕固族：生活在甘肃省的裕固族在很长一段时间里保持传统习俗。男子留辫多盘绕在头上。女子的特色装饰——头面，与发型密切相关。具体做法是将头发梳成三条辫子，再随辫子走向系上三条镶有银牌、珊瑚、玛瑙、彩珠、贝壳等饰物的宽带。两条搭在胸前，一条垂在背后。每条头面分成三段，中间以金属环连接起来，辫子则混在其间（图9-9）。

保安族：保安族的服装明显带有回族特征，大襟坎肩或对襟坎肩等又有汉族等其他民族风格。发型也是与回族、汉族等相同或相近。年轻女子梳单辫、双辫，一般较长，后来有的剪成短发。无论年长年幼，都爱戴帽，并饰有珠穗与鲜花。

东乡族：无论服装还是发式都与回族、维吾尔族、汉族接近（图9-10）。

撒拉族：除生活在甘肃、青海的以外，还有生活在新疆的，自称和被称为撒拉回族，他们信仰伊斯兰教，发型与回族和维吾尔族等都有相似之处。

土族：其服装和发型都非常有特色，而且最传统的一点即是注重装饰性，无论造型还是色彩。历史记载族内妇女就是辫发于后，首戴金花冠，还有贯珠束发，以多为贵的说法。

土族最经典的发型有"吐浑扭达""捺仁扭达""适格扭达""加斯扭达"和"雪古郎扭达"等。这些发型的名称译为汉语后，我们很容易看到其造型特色。例如，吐浑扭达也叫"干粮头"，形状像一个圆饼。捺仁扭达俗称"三叉头"，即梳到后脑

图9-8 锡伯族女子发型   图9-9 裕固族男、女发型   图9-10 东乡族男、女发型

以后竖一根圆型铜管，外端饰一束长红丝穗，中心再镶一支长一尺的箭，箭头下垂一条绣花带，带下有一直径20厘米的圆盘，盘用珊瑚、火烧石等小珠穿成边缘缠绕，外面再用贝壳镶嵌，最后用两支大簪固定。适格扭达梳成后像个小簸箕，因此也被人称为"簸箕头"。梳时用当地的芨芨草做骨架，层层装束，还少不了红穗和云母。这些发型名称实际上来自装饰好的样子，因此说发型本身变化不大，但一经各式装扮，则完全显露出与众不同的艺术风格。

第四节 | 西南地区少数民族发型

　　本节中的西南地区主要指西藏自治区、四川省、贵州省和云南省。西南地区的少数民族有藏族、门巴族、珞巴族等，这些民族的发型都别具特色。

　　藏族：服装有特色，发型也很讲究。例如，清康熙年间的《云南通志》上曾记载："古宗……辫发百缕，披垂前后。"藏族男女均蓄发梳辫，凸显粗犷豪放，原始的剽悍风格十分强烈。男子可粗拢长发以红绳系扎，也可以梳短辫垂在背后，还有的将长辫盘在头上。女子多梳长辫，有些地方讲究把头发从头顶分成三股，一股编辫垂在背后，其余两股分别从左右垂下。再剩余未梳上的散发依长短梳成数条小辫，如小辫过短，可以用黑线加长。这就是藏族人讲究的"千发辫"。藏族人由于居住区域不同，因而发型习俗不完全一样，但是有一点是统一的，那就是辫发混杂着各种质料的饰物，如珊瑚、银饰和各种玉石等（图9-11~图9-14）。

　　门巴族：其女子的传统发型是在两条辫子中夹有黄、红、绿、白色线，这两条辫子可以缠绕在头上，甚至一直缠在帽子外。这种装饰与全身装饰是一致的，格外有整体感（图9-15）。

珞巴族：男女发型都很有特色。男子有的披发，在头发下半截系住卷回；有的将长发在额前绾一个发髻，发髻上横穿一根银簪或是竹笄。女子常将头发绾成三个发结，以两支竹笄将其固定在额前，或是在脑后梳一发辫，还有相当一部分直接将头发披散着，只不过其中有散发也间杂发辫。最突出的是男女均爱佩戴饰物，从头到颈再到腰直至袍裙下摆，要挂数十条串珠饰，其质料有铜、银、贝壳、玉石等，男子盘在头上的发辫也要穿缀珠饰，女子更是一身20余斤重的饰品，走起路来更显瑰丽辉煌（图9-16、图9-17）。

羌族：其祖先是以畜牧为主，素有"西戎牧羊人"之称，羌族男女发型比较简单淳朴，男子大多梳长辫，然后盘绕在头上或绾髻于脑后。编发辫时爱掺夹丝绒线。女子梳单辫或双辫，可盘髻也可垂在后背。

图9-11 藏族男、女发型

图9-12 藏族女子发型1

图9-13 藏族女子发型2

图9-14 藏族女子特色发型

图9-15 门巴族男、女发型

彝族：其男子发型，在现当代可谓家喻户晓，即是在头顶右前方留一块约10平方厘米的头发，编成发辫。当用布缠头帕时，将布和发辫缠成一个向前上方伸展的10~30厘米的锥型结，充分显示出英武气概，因此被称为"英雄结"。头帕里的这一短小发辫或头发，不许任何人触碰，即使敌我双方交战，族内人也懂得不能碰对方的"天菩萨"，包括俘虏。女子一般梳辫，然后将辫盘在头帕之上，有时可以再垂下，总之是与头帕合为一体。彝族有几个分支，还有将头发和彩绳编成的双辫弯成牛角状的，这也在一定程度上反映了该民族的生产生活方式（图9-18、图9-19）。

苗族：是一个特别爱好艺术又特别能创作艺术作品的民族，尤其在服装上，因此发型也特别丰富。由于苗族在少数民族中属于人口较多的，而且支系多，又居住得比较分散，故而形成很多种各具特色的发型。

苗族女子普遍梳髻，传统样式就是大髻。黔东南、黔西等地的女子，用人发、黑绒线或染黑的麻丝搓成发丝，然后根据需要盘梳成横髻、高髻、圆高髻或任意形状的发髻，总之以高大为美，重七八斤。有的混编头上的真发，有的单独为假发髻。苗族女子还讲究梳十字髻，也是长发夹杂假发丝，从耳后向额前梳，左右两绺呈交叉状，再以豪猪刺作发笄。余下的头发搭垂至肩，又多了几分妩媚（图9-20、图9-21）。

生活在云南省安宁县（今安宁市）的苗族女子，讲究梳双角髻。用假发丝混同真发从双耳各梳一向外延伸的髻，形似黄牛角，这显然和苗族的牛角图腾有关。苗族女子的头饰也讲究用银打制成牛角状，然后戴在头上。苗族还有一种髻式像松果，发髻梳在右耳上，再略略下垂。

水族：其女子的传统发型，是在头上立有高髻，并在髻上插一把木梳，据说能辟邪。

侗族：女子有一种"左发髻"，即将发髻盘在头的左后方，有的地方是未婚女子夹红绳于头发中，有的地方则不分婚否。如果按侗族传统婚俗，结婚时，新娘家要举行隆重仪式，将准新娘头上的多个发髻改梳成一个，以示已婚。广西三江一带的

图9-16 珞巴族男子发型

图9-17 珞巴族女子发型

图9-18 彝族男、女发型

153

女子都爱在髻上插梳，因而她们的发髻也讲究多样，扁髻和双盘髻等都可以显示出女性的聪明与灵巧（图9-22）。

布依族：布依族的少年根据所住区域不同有不同的发型，有的梳单辫垂至后背，有的梳辫之后头顶头帕，再将夹入红绿线绳的辫子压在头帕之上，其余的可垂下。布依族最有特色的是"拱桥髻"。梳制时要用一块拱形椰树皮。这块树皮要用一块筒帕包裹，再用真发围绕拱形树皮缠出各种发型，并配上骨簪、银碗等。

佤族：其妇女喜欢用发网，如马尾网或藤条网等，30多厘米长，呈半圆球状。至于梳制方法和发型的最终形象，则因地区、年龄等有所区别。但少女有许多仅用头箍，满头黑发就那样披散着（图9-23）。

景颇族：其女子有长辫、披长发、短辫、短发、盘髻等多种发型，主要是讲究戴头箍、高包头和高筒帽（图9-24）。

图9-19 彝族男子的"天菩萨"发型外的包头巾英雄结

图9-20 苗族男、女发型

图9-21 苗族女子发型及饰品

图9-22 侗族男、女发型

图9-23 佤族男、女发型

图9-24 景颇族男、女发型

纳西族：女子多为梳辫和梳髻，间或也有短发，她们认为包头越大越美，因而常在发髻外裹头巾，再用黑绸或黑毛线夹在头发中，然后一起缠在头上，形成一个圆圆的"喜鹊窠"。有的戴帽后，将发辫盘在圆帽上，无论是缠在头巾外还是圆帽外，都是为了显示大而美（图9-25）。

基诺族：男子的传统发型是"三撮毛"，据记载是发留中、左、右三撮。民间传说中间一撮是纪念武侯诸葛亮，左右两撮是感恩父母。基诺族女子则未婚长发披肩，已婚于头顶梳髻（图9-26、图9-27）。

德昂族：女子也有长发、短发、梳辫、盘髻等多种发型，与周边民族不同的是，有的支系女子剃光头，或是婚前不留发。她们格外重视的是头帕和头箍（图9-28、图9-29）。

傣族：女子那梳在脑后稍靠头顶的发髻形象，可谓深入人心。除了最常见的几乎老少均梳的发髻外，还有云南西双版纳和德宏瑞丽一带梳制的"孔雀髻"。孔雀髻的特点是弧形又呈中空，形似孔雀开屏，再配上发梢自然下垂，俨然成为一种艺术性极强的发型（图9-30）。

白族：少女的发型主要是以发辫缠住或盖住头帕为美。所有的装饰，总是这两者相互映衬。已婚妇女喜用发网罩上发髻。

独龙族：一个保留原始习俗的豪放粗犷的民族，至20世纪80年代还保留文面，男女都披发或剃光头。有些地区的男子披发是前发齐眉，后发齐肩，左右发齐耳。有些地区的老年妇女仅在头顶中间留有约一手掌宽的头发，披散下来，但是男女都戴包头巾。

阿昌族：少女多梳辫，有时将前面的头发编辫缠绕在头帕外，配上银饰、鲜花，后面的头发就那样散着或梳辫垂下。已婚妇女发型很短，把精力集中在黑色或蓝黑

图9-25　纳西族中年和青年女子发型

图9-26　基诺族女子发型

图9-27　基诺族女子发型

图 9-28　德昂族女子发型

图 9-29　德昂族女子发型

图 9-30　傣族男、女发型

色包头上，包头里衬有硬壳，可高达30~40厘米。

拉祜族：少女披发或梳辫，而已婚妇女讲究剃光头，裹各式各样的包头。有的头帕3米多长，裹成一个很大的头部装饰以外，端头还可垂至腰部。

哈尼族：整体服饰形象可谓美丽又精致。少女多将头发与蓝绿色棉线一起编成一条辫子，盘在小帽或头帕上，这在云南元阳一带很盛行。小帽或头帕上满是银饰和彩色绒球，衬上乌黑的大辫子，无疑提升了动人的装饰性。有的支系的已婚妇女，是将婚前大辫子改成一支"独角髻"。这种独角髻也是源于图腾崇拜，云南一些少数民族是以饰牛角为祈福求祥的。大辫子挽成角状，需要借助一些黑布卷裹成形，并且还要将头发沿头顶分成两半，再用头箍后垫方布，将头发扭圆拧过，遮住布卷和头箍，方成为一个绝妙的发型（图9-31）。

布朗族：布朗族的女子受傣族影响很大，也是窄小上衣配筒裙，只是还有独特的长度、层数和颜色要求。发型也接近傣族，梳头顶高髻的相当普遍，不同的是布朗族妇女包头的多，而且上饰银链、银铃和红绒线花（图9-32）。

傈僳族：男子平时头缠巾帕。有一种传统发型后来还有人留，那就是被俗称为"锅盖头"的短发，齐刷刷沿耳上留发，下面完全剃刮干净。女子有的梳辫，有的留髻，最有特色的头饰是"窝冷"，即一种宽头箍，以银片和白珠穿成。这种头饰不是孤立存在的，有些常要与头发相结合（图9-33）。

怒族：怒族人保留原始习俗较多，在《维西见闻纪》中载：清乾隆时，贡山怒族人还"面刺青文，首勒红藤"。从发型上来看，女子也和其他一些民族一样，将发辫绕在头帕之上，形成一个兼发型带头饰的形象。怒族人老少都喜欢在头帕上缀银饰、松石、料珠及鲜花等（图9-34、图9-35）。

普米族：男子服装近似藏族，而女子服装有些像蒙古族。但是，普米族女子的发辫还是很有自我的创作意识，如用牦牛尾和丝线编入辫中，并缠绕于头顶，黑色包头巾很大，其端头一直垂至腰间。还有的支系将发辫梳成12股，再缀上12对红白色料珠，完全形成一方之美（图9-36）。

图 9-31　哈尼族男、女发型

图 9-32　布朗族女子发型

图 9-33　傈僳族女子发型

图 9-34　怒族男、女发型

图 9-35　怒族女子发型

图 9-36　普米族男、女发型

第五节 ｜ 中南等南方地区少数民族发型

　　本节中的中南等南方地区指广西壮族自治区、湖南省、湖北省、福建省和台湾地区。中南等南方地区的少数民族主要有壮族、京族、仫佬族、毛南族等，每个民族都有其独特的发型。

　　壮族：壮族是一个拥有近两千万人口的民族，除了大部分居住在广西壮族自治区，其余分别居住在云南文山、广东连山、贵州东南地区和湖南江华地区，因而发型会有所不同。例如，有些年轻女子头顶留长发，将长发梳至前额，再用布包扎，上插银饰；有的是少女梳长辫，少妇梳双髻，老年妇女脑后垂髻。有些地区老年妇女不梳髻，只将头发梳拢整齐作盘曲状。总之，壮族女性发型不管有多少式样，都用包头巾，头巾也有各种裹法（图9-37、图9-38）。

　　京族：典型的渔民打扮，所以少不了防晒的头巾和斗笠。女子可以在脑后梳扎后披散，也可以梳髻。梳制发髻时是先编辫于后，再用黑丝带或黑布条缠绕在辫子上，然后将其盘于头顶（图9-39）。

　　仫佬族：其服装与汉族和附近民族有许多相似之处，发型也如此。最有本族特色的女子发型是"挂式"。首先是头发按前后左右中分成五部分。前面的剪短遮住额头，中间的向后梳成发髻，左右和后面的三绺自然垂挂。还有很多种样式，但更具装饰性的一点体现在小帽和包头巾上（图9-40）。

　　毛南族：女子发型因居住区不同而有所差异，可是总的造型，以及长发、长辫、盘髻等规定年龄和婚否等习俗均与汉族接近。毛南族最有特色的是花竹帽，以金竹、水竹编成，被称为"顶卡花"（图9-41）。既然都戴花竹帽，肯定不愿意梳高髻。

　　瑶族：一个在纺织服装上非常有创意的民族，因为散居在广西、湖南、云南、广东、贵州等地，因而服装和发型各有讲究，周边居住的民族也爱以瑶族的装饰形象特色来分别称呼各瑶族支系。例如，根据服装来称呼的有"蓝靛瑶""白裤瑶"（图9-42）等；根据发型和头饰来称呼的有"箭杆瑶"（指头插两根竹箭，再将两股头发左右盘结后包以头巾），"双角瑶"（指头戴牛角状头箍，上面绕以长发和珠丝的），"尖头瑶"（指头顶有髻，又戴上一顶夹顶竹帽），"燕尾瑶"（指头上梳有燕尾状髻，并簪上竹片），"顶板瑶"（指束发于头顶，再戴一块18~20厘米长、6厘米宽的木板，最后以头发夹红绳缠绕，前后垂彩珠），"平头瑶""红头瑶"（指用白丝线缠头发盘髻和红纱线缠头发），"花头瑶"（指盘发覆盖织绣头帕），如图9-43所示。另外，还有女子头上盘髻再包上一块头帕的，人们根据头帕的颜色称他们"红瑶"（图9-44）、"白瑶"等。广东连南地区的盘髻男子，还讲究在头帕上插野雉翎毛，更多了许多原始意味。

　　仡佬族：其也是因散居多处而服装等各异，人们常根据他们的服饰形象来称呼，如"青仡佬""红仡佬""花仡佬""白仡佬"和"披袍仡佬"等。根据发型差异来称呼的有"锅圈仡佬"和"剪发仡佬"等。"锅圈"是指将头发用布包束后，有些呈圆而扁平状；"剪发"是指剪短或剃去一部分头发。从清代古籍插图来看，仡佬族男女都梳制这种发型（图9-45）。

图 9-37 壮族男、女发型

图 9-38 壮族女子发型

图 9-39 京族男、女发型

图 9-40 仫佬族男、女发型

图 9-41 毛南族男、女发型

图 9-42 白裤瑶男、女发型

图 9-43 花头瑶女子发型

图 9-44 红瑶女子发型

图 9-45 仡佬族女子发型

土家族：主要聚居在湖南省的武陵山区，其大褂袄、小围裙等接近汉族，女子习惯将发辫盘在头上，还有的是用红布或"土锦"卷成头箍。男子包头和宽缘边对襟上衣与附近民族近似（图9-46、图9-47）。

畲族：最有名的是凤凰装，因为传说畲族始祖名为盘瓠王，被远古部族首领高辛氏（帝喾）招为驸马。三公主与盘瓠王成亲时，新娘母亲送给女儿一顶非常珍贵的凤凰冠和一件镶有珠宝的凤凰衣。待三公主女儿出嫁时，竟有高贵的凤凰嘴里衔着一件五彩斑斓的凤凰装从山里送到新娘家。难怪在畲族人心目中，凤凰装是最美丽、神圣且吉祥的。在这样的文化背景下，畲族女性自然会创造又传承下"凤凰头"（图9-48、图9-49）。

畲族的凤凰头据说是分年龄和身份的。婚前少女梳"小凤凰头"，即用大红绒线编在发辫中，盘在头上。婚后改梳"大凤凰头"，即向后梳成螺旋式或筒式。再夹以红、黑、蓝等色绒线，高高盘在头上，状如凤凰。老年则只扎小红布或丝网。其中形似凤凰颈的发线合编的"凤凰头"最具特色。

黎族：长期生活繁衍在海南岛，即古崖州，也因散居几处而使发型有所差异。男子传统发式是挽小髻于额前顶部，其余头发披散在后背。这种发型称为"结发鬃"，鬃上还要插发簪或木梳。使用银片外包黑巾的，人们俗称"包鬃"。女子脑后发髻，最讲究的是插人形骨簪，尤其是结婚时佩戴，以示不忘祖先恩德。

高山族：即台湾先住民，尚有一部分居住在福建省。高山族有些服装近似汉族，但喜用贝壳、兽骨、羽毛为饰。传统发型为披发，男女均用，后来有剪短发的，当然束辫与盘髻也存在（图9-50、图9-51）。

本书将少数民族发型放在20世纪上半叶列为一讲，原因是这一时期，世界很多民族的服饰形象（包括发型），处于成熟的阶段，即经典形象已明显确定。这之后，随着工业文明由大城市向边远山区的渗透，或是少数民族青少年走出大山，融入都

图9-46 土家族男、女发型

图9-47 土家族女子发型

图9-48 畲族男、女发型

图 9-49　畲族女子"凤凰头"特
色发型

图 9-50　高山族男、女发型

图 9-51　高山族中年女子发型

市文明。大多数少数民族的经典形象发生改变，进而模糊，甚至消失，只有一些表面的文化被保留在旅游活动中。我们分外珍惜，历经数千年文化孕育，而又不曾受到工业文明冲击的原生态形象，这是人类文化中失而不可再得的财富。

延展阅读

民歌与诗词中对发型的描绘

1.白毡房有个姑娘眼睛含笑，那头发五天梳完十天辫好，十天辫好。那头发五天梳完十天辫好，哎哟我的姑娘啊，青春美貌有几朝？

这是新疆哈萨克族民歌《阿衣阔克》中的句子，歌中表达了小伙子对美丽姑娘的爱慕之情。其中说到梳辫子需要用好几天的时间，正表现的是新疆地区少数民族的未婚女子。少女要梳10条或20条辫子，这已成为该地区少数民族的发型特色。由于这些民族能歌善舞，所以舞起来时多辫就能展示出一种跃动的效果。

2.我虽不是德格人，德格装饰我知道，德格装饰要我说："头顶珊瑚宝光耀。"我虽不是康定人，康定装饰我知道，康定装饰要我说："红丝发辫头上抛。"我虽不是理塘人，理塘装饰我知道，理塘装饰要我说："大小银盘头上套。"我虽不是巴塘人，巴塘装饰我知道，巴塘装饰要我说："银丝须子额上交。"

这是流行于康巴地区的藏族民歌，虽然这里描绘发型不多，只有"红丝发辫头上抛"一句，但是我们可以从中看出当地藏族女子主要是长辫夹或系红线编好后缠在头上。再一点就是藏族女子的绚丽夺目的头饰,是各地各分支特色头饰在交流中日益丰富起来的。这种融合的头饰恰恰说明了文化的多源地。

3.她的花衣呀,金鸡的彩毛比不上。她的百褶裙呀,只有菌子才相像。那青悠悠的百褶裙呀,密密层层的褶褶。闪闪跳动的裙脚,花花绿绿的裙带。头上插满银花,银鞋光闪闪。头发壳像青丝,手上八十对圈子。项圈大像碓杆。

这是苗族民歌中一首被称为最美丽的歌《仰阿莎》,歌词充满了对仰阿莎的赞美之情。这一段描绘发型的只有"头发壳像青丝",以及描绘头饰的"头上插满银花"。所谓头发壳是假发,做成很大的双牛角状。说它好像青丝,青丝一般是对年轻人头发的美誉。即指用黑牛毛和黑线做成的假发就同真头发一样,再配上苗女特有的花衣、百褶裙及全身的银饰,真是太美了。

4.女儿我把双髻解下,我怕捡得的是无限的烦恼。

这是侗族民歌《解髻歌》中的一句。原来,侗族姑娘婚前是梳辫盘髻于顶,绾尖髻。而在出嫁前一天的晚上,要举行一个隆重的更换发型的仪式。届时,女性亲友都要上门,帮助准新娘换一个平髻,以表示已婚。《解髻歌》之后,还要唱《盘髻歌》。姑娘既有对未来生活的美好向往,又有对离开父母的不舍之情,特别是在穷乡僻壤中嫁到异乡去的年轻女子,不了解未来会怎样,但一改发型确实就成了新家庭中的一员。

5.女儿竞戴小花笠,簪两银篦加雊翠。半锦短衫花襟裙,白足女奴绛包髻。少年男子竹弓弦,花幔缠头束腰际。藤帽斜珠双耳环,缬锦垂裙赤文臂。文臂郎君绣面女,并上秋千两摇曳。

这是明代万历十一年进士汤显祖所作《黎女歌》中的一段。活生生描绘出黎族青年男女的特有发型装束。除"簪两银篦加雊翠""绛包髻""花幔缠头"外,还提到"文臂"和"绣面"。这里说的正是文面和文身。清代屈大均在《广东新语》卷七中写道:"(黎)妇女率著黎桶,以布全幅,上与下紧连……椎髻大钗,钗上加铜环,耳坠垂肩",显然是黎族特有的发型服饰。

6.装饰珊瑚辫发垂,羊裘狐帽赛男儿。弓鞋笑说金莲步,手制新靴嵌绿皮。

清代姚兴滇,乾隆年间曾在内蒙古一带为官,为此写下了多首描绘当地人发型服饰的诗词,归为《塞外竹枝词》。这首诗里写到蒙古族女子梳辫,头上装饰着珊瑚。另一首同属《塞外竹枝词》的后半段写道:"归时莫教双鬟侍,唯恐裙钗诧异人。"从发型上看,有长辫有发髻,只是其服饰形象往往与男子的服饰形象分不清,内蒙古地区天气严寒,人人都穿皮袍与皮鞋,头上又戴皮帽或围巾,因此中原去的官员看着有些异样。

7.髻上梳比项下钱,生苗居后熟苗先。不愁双鬓鸦堆重,又制银环压到肩。

清代乾隆五十三年举人舒位,写过《黔苗竹枝词》数十首,这里选取的是其中一首,与另一首"月场难筑避风台,衣尾匆匆隔夜裁。试问裙腰腰上带,唾绒一幅为谁开"都是写的"阳洞罗汉苗"。一首后附言："妇人绾髻额前，插木梳于上。富者以金银作连环耳坠，项下刺绣一方，饰银钱焉。"另一首后附言："罗汉苗在黎平府，婚姻亦以跳月成。女子长裙无绔，加布一幅，刺绣垂于前，名曰衣尾。"总之，描绘的都是发型与服饰，说的是1765—1815年诗人看到的苗族装束形象。

8.心长发短君休笑，留得相思一寸灰。

这也是清代舒位《黔苗竹枝词》中一首的下半段。作者明确是在说"剪头仡佬"，并在诗后附言中说："剪头仡佬在贵定，男女蓄发寸许，死则积薪焚之。"因为仡佬族有多个分支，又分散在多处，所以常被邻族人以发型服饰特征相称。舒位诗里就有写"红仡佬""花仡佬""锅圈仡佬""披袍仡佬"等，锅圈仡佬即是"妇人以青布束乱发，肖其形也"。另外，还有"打牙仡佬"，舒位写道："其俗女子将嫁，必先折其二齿。否则妨夫家，殆所调凿齿之民欤？又剪前发而留后发，则取齐眉之意。"少数民族发型服饰，确有其意想不到的丰富。

9.发丝如镜样如盘，且作新妆堕马看。彩袖银环回映处，便非锦簇亦花团。

清代沈寿榕，曾任云南迤南盐法道，作有《迤南种人纪咏四十首》，提及迤南道驻普洱府城。这首诗后附言为："花摆夹髻大如盘，花满其上，著五色衣，若补衲状。"其他诗还有"裹发头尖似角根""角巾高压似兜牟，分披双角发两头"等句。所说的少数民族发型及服饰，应为彝族、瑶族、傣族、苗族等在1823—1882年的装束。"似角根"诗句附言："猺（瑶）人有名支角，以蜡矗发如独角，突起天庭上。"并有诗"顶上横平木板猺，自云鼻祖是唐尧"，并附"顶板猺，人以蜡裹发，使横平于板上，加上小木板"。

10.三撮毛夷古怪头，人云藤甲种遗留，而今尚有天威在，并把爷娘奉武侯。

清代沈寿榕《迤南种人纪咏四十首》中，有两首涉及这类发型的，另一首写："发留一撮是戈罗，皮肉斑斓刻画多。帕首红巾腰系白，自携宝剑舞天魔。"两首诗后分别附言为"三撮毛，倮黑别派，留发三撮，以中为诸葛武侯，左为阿爹，右为阿娘，盖率武侯如父母也。其身编束多用藤，即藤甲遗种云""戈罗俗曰一撮毛，头缠红布，下体以白布遮之，常舞刀剑为乐"。看起来，这里说的发型是彝族男子发型，本族称为"天菩萨"。所谈"武侯""藤甲"之事，似与《三国演义》中"诸葛亮火烧三千藤甲兵"有关，看来当地存留的遗痕很清晰。

11.双辫平分戴佛冠，绀珠累缀任人看。束腰箭袖戎装小，顾盼生姿在据鞍。

清代光绪六年进士志锐，镶红旗人（一说正红旗），他他拉氏。曾任乌里雅苏台参赞大臣、伊犁将军等。他曾作《廓轩竹枝词》（又称《张家口至乌里雅苏台竹枝词一百首》），提及一些新疆地区的少数民族发型，这首名为《内札萨克妆束》，还有一首名为《外札萨克妆束》的诗写："发分双扇用胶多，箭袖高低似翅拖。命妇胭脂红两颊，教人误认醉颜酡。"后附言："发分如两折扇，垂于项前，用胶涂之不散。……"这些诗明显是描写满族旗人去看蒙古族、哈萨克族等北方与西北少数民族发型服饰，既觉得新鲜又觉得怪异，同时奇丽无比，各有特色。

课后练习题

1.发型艺术是由哪几个元素构成的？造型？色彩？外加饰物？举例说明。

2.哪些发型与图腾或传说相关？

3.举出两三种给你留下深刻印象的少数民族发型。

20世纪

下半叶发型

课程名称	20 世纪下半叶发型
教学内容	时代背景简述 20 世纪 50 年代传统风气犹存 20 世纪 60 年代、70 年代工农风尚居首 20 世纪 80 年代、90 年代世界潮流引领
课程时数	6 课时
教学目的	本章介绍了 20 世纪下半叶发型的主要特点，引导学生认识发型 与时代背景的关系，通过分析不同年代发型的造型变化，让学 生更加深入地了解在该时期传统发型留存与外来发型引入的影 响因素。使学生理解并掌握发型与政治、经济、文化、地域之 间的关系
教学方法	讲授法
教学要求	1. 使学生了解 20 世纪下半叶发型的主要特征 2. 使学生掌握该时期发型变化的影响因素 3. 使学生理解传统发型、外来发型等变化的特点 4. 使学生真正认识到发型造型与社会发展的内在关系

第一节 │ 时代背景简述

1949年，中国共产党领导的中华人民共和国成立，这标志着中国从此进入一个崭新的历史时期。这是一个以工人阶级为主体、以工农联盟为基础的人民民主专政国家。城市中人在一定程度上保留了分头、背头和西装革履。女子则照旧烫发，穿改良旗袍和高跟皮鞋等。这种服饰形象的遗痕连同原老城区的非常严格的传统长袍马褂等着装习俗，在工人、农民朴素的服饰形象面前显得陈旧，甚至带有旧时代的朽味。当时，虽说没有明文规定发型和着装，但人们已对旧时的形象产生了一种情绪上的抵制。烫发正式消失，应是在20世纪50年代末期。

在这个时期，男子平头、女子短发双辫成为进步的发型。工装衣裤（裤为背带式，胸前有一口袋）、圆顶有前檐工作帽、胶底布鞋和白羊肚毛巾裹头、戴毡帽头儿或草帽、中式短跃和肥裤、方口黑布面布底鞋，以及从苏联那里学来的方格衬衫与连衣裙（音译为布拉吉）等，成了新事物、新生命的代表。如果偶有改进，也不过是将发辫盘起来，把劳动布上衣做成小敞领、贴口袋，城市妇女则在蓝、灰列宁服外套里穿上各色花布棉袄，这是典型的工人和农民的服饰形象。在喜庆的节日里，陕北大秧歌的大红色、嫩绿色绸带拦腰一系，两手各执一个绸带头以使绸带随舞步飘动起来的舞服几乎在瞬间遍及全国。这显然是农民文化的一部分。况且，头上平头、平直短发的发型也明显显示出劳动人民的典型形象。

20世纪60年代至70年代后期，中国人的发型较为单一，基本是男性平头、光头或小偏分。女子发型按年龄段有所区分，如青少年梳短辫，中年短发，老年人也大部分为较长的短发。

1978年12月18日，中国共产党第十一届三中全会在北京召开，确定了改革开放的国家发展战略。1979年对世界敞开国门以后，西方现代文明迅速涌入质朴的中国大地。其中，发型、服装非常显而易见，它们对青年来说是具有诱惑同时又较易模仿的文化载体。于是，人们在发型上追求五花八门的效果。男子较长的发型，曾被认为不伦不类，但这时的社会宽容了。美术界和影视界的艺术家们留起长发来似乎是一种炫耀。女子烫发又恢复了，基本是与婚纱照的恢复同步而来。自此又是20年，世界最新潮流的发型与服装可以经由便捷的信息通道——电视、因特网等瞬间传到中国，中国的美发行业和热衷于赶时髦的青年们基本与发达国家同步感受新发型。

国内的民众早已摆脱了基本统一的发型模式，或说无个性发型时代，而迎来了百花齐放、五彩缤纷的整体装饰形象的美好春光。

1983年，中华人民共和国教育部在全国美术院校及轻工、纺织等院校相继开办服装设计专业。与此同时，发型设计也被列入有关形象设计专业之中。在美发中等职校的教学中，除了以往的理发技术内容，开始让学生广泛翻阅国外美发形象资料，有意识地开阔学生眼界，注重国际时尚风向标。另外，烫发、染发一类美发用品纷纷从国外涌入国内，美发业也在实践中不断引进、不断学习，力争与国际接轨。

20世纪下半叶的中国美发行业飞速发展，人们在党的改革开放方针指引下积极行动起来，陆续出现一系列新事物，如20世纪90年代中期以后，私营美发店以不同规模如雨后春笋般出现，又给中国美发业注入了新的活力。同时，各地在中华人民共和国商务部的组织下，纷纷成立美发美容协会，聘请高等院校专家为顾问，有计划地推动比赛，增加交流，还有各种规格的学习班，分出初学者和谋求进一步提高的专业人员等不同层次，使美发业逐渐走向规范、走向多样化。美发业绝不仅仅是剪短打理头发，而是向整体形象设计的艺术层面大幅度提升，可以说迎来一个新世纪的新局面。

第二节 | 20世纪50年代传统风气犹存

1949年中华人民共和国成立，但对于中国人的发型来说，很难以一个具体年代去划分。我们这里说的20世纪下半叶，也是一个大致的划分方法。

中华人民共和国的成立，必然带来崭新的气象，特别是随着中国人民解放军和进城干部走进大城市，使原来还是在封建和旧民主主义统治下的城市市民一下子接触到许多新的社会现象。尤其有一些城市曾受到西方列强的殖民统治，这一来也就越发感觉到换天换地了。当然，国家政府对于公民的发型没有强行命令和具体形制的要求，因此未有像清代初始和民国初建时那样掀起波澜。于是，在很长一段时间，甚至整个20世纪50年代，人们还都遵循着发型上的原有习惯。只不过，在潜意识中开始认识到哪些是先进事物，哪些是旧有模式。

一、男子注重职业形象

在没有行政命令干预的情况下，男子发型隐隐约约、不声不响地形成了几种类型，基本都保持着原来的传统，只是在细观之下会发现，人们自觉或不自觉地让自己的发型服从一个职业团体。这一时期，男子的发型主要有平头、背头、偏分等。

平头（小平头）：这是一种在机关干部和青年学生中常用的发型，比较大众，但并不保守。因为，平头的理成形象差异可以很大，如城里原有人群的平头，不太高也不太低，向下"走"的坡很匀称，一般不露出头皮。从农村来的干部和始终在农村工作的干部与知识青年，留平头时向下坡度比较大，以致显出头顶和周边的头发高度非常突然地区分（图10-1、图10-2）。

图10-1　20世纪50年代男性知识分子的小平头

图10-3　20世纪50年代男性知识分子的背头

图10-4　20世纪50年代城市家庭合影中显示的男性偏分发型

图10-5　20世纪50年代乡村家庭合影中显示的男性偏分发型

图10-2　20世纪50年代农村中年男子的小平头和青年人平头发型

背头（小背头）：在民营企业家、医生、律师中，有相当一部分人理成背头或小背头，理好后还要抹上发油。对于一些发际线靠后的男性而言，理背头也不失为良策，都向后梳，油亮油亮的，显得派头十足（图10-3）。

偏分：教师、科技工作者及青年学生理偏分的人不少。偏分头可以给人一种很文静的样子，适合很多人（图10-4、图10-5）。

中分：由于这种发型在电影中多是反派人物的发型，所以新社会已很少有人再用。如果偶尔有理中分的，也不太多，比旧社会的含蓄了不少。

光头：把头发都剃光的有一种职业是固定的，那就是戏剧演员中的花脸、黑头，这种角色出于化妆的需要，都要剃成光头。另外一部分人是头发稀少，索性全剃光倒也少了许多烦恼。从职业上看，重体力劳动者较多，或许与出汗较多便于清洁有关（图10-6）。

图10-6　20世纪50年代工厂职工合影中显示的男性光头及诸种发型

总之，无论是从农村来到城市里的，还是受到殖民统治的，虽在发型上有些改变，但终究变化不太大，更不要提依旧在偏远山区生活的人了。

二、女子崇尚土洋并存

由于中华人民共和国成立初始，人员流动较大，人们受到新思想的熏陶，但生活习俗并未受到太大冲击，因而女子还是各自梳制原有的发型。这一段时期的女子发型实际上有两种类型，一类是传统的，如年轻女子的辫发，中年女子的短发，老年妇女的盘髻；另一类是延续20世纪30年代以来的烫发，完全是外来的，与中国传统不同。这两类有如下几种典型发型。

单辫：梳一条辫子的人有几个特点，几乎都是将头发梳至脑后，编一条较粗的辫子垂在后背。年纪大一点儿的如教师等，她们还是恪守着传统，一副温文尔雅的模样。衣服完全是西式了，一条大辫却自然地梳在背后。年纪小一点儿的如中学生、小学生，梳到接近辫梢时，在通常系扎的地方再系上一条鲜艳的绸带（图10-7）。

双辫：梳双辫可长可短，20世纪50年代时梳双辫的人普遍爱将两条辫子从两侧耳后梳下来，分别垂于胸前。接近辫梢的系扎处，也是系上绸带。这样的系法主要保留在乡村或从乡村来到城市的女性中（图10-8~图10-11）。

短发：所谓短发，一般是指将头发齐刷刷地剪掉下半段，仅保留从头顶垂下的散发。这种发型虽然都叫短发，但实际长度不同，风格也大相迥异。农村已婚妇女剪成的短发，一般长至齐肩。城市知识青年的短发较短，多齐耳，已婚女性不烫发

图 10-7　20 世纪 50 年代女青年的单辫

图 10-8　20 世纪 50 年代女子的双辫发型

图 10-9　20 世纪 50 年代女子双辫系绸带

图 10-10　20 世纪 50 年代女子梳双辫

图 10-11　着 55 式军装的女兵双辫及短发形象

图 10-12　20 世纪 50 年代家庭合影中的青少年女子短发形象

的剪发长度则在耳垂下。有些人为了避免低头时头发下垂挡眼，便以发卡夹住一部分头发（图 10-12~图 10-14）。

烫发：20 世纪 50 年代的大城市已婚妇女烫发比较普遍。理发店里还是头顶有电卷盘，家里也有电卷发器，不用在炉火中加热了。烫好后的头发，可以任凭理发师根据烫发者的主观意愿去修剪，长可披肩，短可不及耳，还可烫成大小不等的发卷，或是只烫额前发，这种形象可在前述男性发型的插图合影照中找到许多形象（图 10-15、图 10-16）。

盘髻：老年妇女和一部分尚保守的中年妇女，仍然会将头发梳至脑后，系扎起来并绕成一个扁圆形，再罩上一个铁质缠黑绒线的椭圆形发网，呈横椭圆形卡在脑后。一些从农村来到城市的中老年妇女，还有将头发梳至后面往上一翘的发式。通常每人都有一个梳头匣子，里面放着梳子、箆子、刨花汁儿、头油及小布块等。

图 10-13　20 世纪 50 年代　图 10-14　20 世纪 50 年代　图 10-15　20 世纪 50 年代　图 10-16　20 世纪 50 年代
女子的短发　　　　　女干部的短发形象　　　女子的烫发形象　　　　城市女性的烫发

　　额鬓发的样式根据年龄有所区别。例如，少女梳辫时前额留齐眉的刘海儿，也有专将"齐眉穗儿"烫成卷的；中年有将鬓角头发留细绺于耳前的；中老年妇女的前额讲究规整，发际处呈方形，如果天生的发际不是这样，则需要双手用白棉线相绞，将其稀疏的破坏发际造型边界线的头发绞掉，同时将脸上的汗毛也绞掉，再涂上头油，一副很清洁并很光鲜的样子，这样的效果现实很难在照片上体现出来。

三、少儿发型跨越时代

　　20 世纪 50 年代的少年儿童发型有多种，主要原因在于少儿不是社会交往的主角，他们更多的时间是在家里，而中国又地大物博，十里不同风、百里不同俗的社会环境极易使少儿还保留着 20 世纪 50 年代之前甚至更早的发型。

　　小平头：这是一般的少年儿童男性发型。一般来说，10 岁以下的儿童剪得稍短些。

　　学生头：类属小平头，多为大一点的孩子，尤以小学生或中学低年级男生应用。

　　桃形头：这是传统儿童发式，最小的可从婴儿起，在城市、乡村都保持了很长一段时间。具体样式是将满头的头发剃掉，仅留囟门一个桃形面积的头发，特别可爱。民间应用多年，包括满月到学龄前幼儿，即古代"钵焦"。

　　一把抓：头顶正中留一片头发不剃，将其束成直冲上天的小辫或不编，再用红头绳扎起来。这种发式也与桃形头一样，是中国古代即有的，在民间年画中留有大量形象。这种发型多少年来形式是一样的，但称谓不一样，如北京叫"立天锥"，天津叫"一把抓"，还有的地方叫"冲天炮""一抓椒"等。

　　后小辫：古称"百岁毛"，即从小剃胎头时就保留下后脑的一撮头发，稍大些系扎起来，有好多地区还讲究扎红头绳或红绸带，主要为男孩儿。本意是希望孩子无灾无病，长命百岁。21 世纪仍在长江中下游地区出现，被称为"乌龟梢"，以龟寓长寿。

歪毛儿：婴幼儿剃胎头时，有的在头顶侧面，即一侧耳朵后上方留一撮头发，也是为了吉祥辟邪。这种发型古来有之，但20世纪还一直在民间流行。

可以这样说，少年儿童的发型并没有紧紧跟着时代前行。城市男性少年的理发属于城市形象的组成之一；农村少年虽然也是以小平头为主，但总体风格异于城市，因而有些发型被俗称为"放羊娃头"。具体区别在于从头顶至耳边及后颈的坡度，农村少年发型额前有些垂发偏分样。再加之各地区，尤其是多民族聚居的地方，发型更是五花八门。

城市女性少年正值中小学花季，最多的是梳两条小辫，也有短发，还有的是将额前发烫成卷，其他头发仍编辫。农村少女有双辫也有单辫，区别于城市少女的主要是拢起头发来先系扎，讲究用红绳扎辫根儿。

纵观这一时期少年儿童的发型（图10-17~图10-21），给人一种跨越时代的感觉，因为有些已完全是新时代的形象了，可有些还延续着宋明，至迟是清代的发型。这种文物式的发型主要保留在婴幼儿的头上，或许是家长们在孩子身上更注重民俗中的吉祥美好寓意吧！

图10-17　20世纪50年代城市
幼童发型

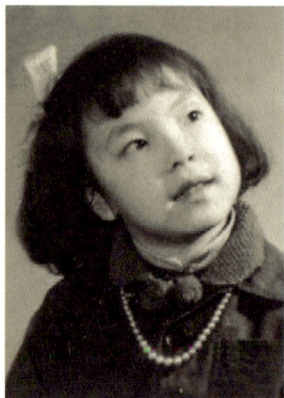

图10-18　20世纪50年代城市
女童发型

图10-19　20世纪50年代男童
发型

图10-20　20世纪50年代城市
男、女童发型

图10-21　20世纪50年代乡村
少女与男童发型

20世纪60年代、70年代工农风尚居首

20世纪60年代和70年代，中国人的发型特点，一是样式基本一致，二是城乡区别不大，三是风格简洁利落。

一、男子发型大致相同

男子发型的具体样式，大多是小平头、小分头，间或也有只留一层头发茬的。光头虽说也有，但很少，一般是老年人或是头发比较少的人顺势剃光。

从当年的宣传画或老照片上可以看出，这一时期的发型还是相当体现向上的精神的，丝毫没有颓废和邋遢的样子。总体来看，都是注重工农风尚（图10-22~图10-25）。

图 10-23　20世纪60年代城市结婚照中的男、女发型

图 10-24　20世纪60年代乡村结婚照中的男、女发型

图 10-22　20世纪60年代家庭合照中显示的男子发型

图 10-25　20世纪60年代青年男子发型

第十讲　20世纪下半叶发型——

173

由于大家的发型相差不多，加之有不少热心人，因而工作单位讲究互相理发。于是，几乎人人都会用推子（理发工具）推两下。同事们在一起，工余饭后，少不了搬把椅子或凳子，互相理一下发，理发用的推子、梳子、毛巾、围单也被包在一个小包里，就放在单位的某个柜门里。团结互助加上艰苦朴素，一度都用不着去理发店了。这之后好长时间，直至20世纪末，街道边摆个板凳的简易理发处比比皆是。

二、女子发型趋于短式

进入20世纪60年代的女子发型，明显是摒弃了老式盘髻。脑后盘一个椭圆形发髻的传统直至1966年，基本都作为封建主义尾巴被自己剪掉了。这之后，老年妇女也留短发，只不过是稍微长一些，许多搭到后脖颈。后来由于很多老年人不太习惯，故而将其在后脑处系一下，向上翻起，以大号发卡固定住。这也算是权宜之计了。

那时，中青年妇女已完全没有烫发一说了，基本是齐刷刷的短发，年轻的短些，年长的长些（图10-26~图10-29）。

图 10-26　20 世纪 60 年代中年男、女发型

图 10-27　20 世纪 60 年代末城市女性短发

图 10-28　20 世纪 60 年代末女子短发和短辫

图 10-29　20 世纪 60 年代末 70 年代初
老年女性放开盘髻后的短发形象

青少年女子除了短发之外，还以梳双辫为主，只不过大多数是短辫，齐肩或不到肩。这在当年被称作"炊帚"，因为使人们联想起刷锅的炊帚。当然，也有叫"刷子"的，这好像在当年常被混淆。另一种是在双侧耳后扎起，系扎的下面就那样散着，一般不长，被称为"刷子"，同时也被叫"炊帚"。到底这两种当年时兴的发型哪个叫炊帚，哪个叫刷子，似乎模糊不清，各说各的没有定论（图10-30~图10-34）。

图 10-30　20 世纪 60 年代
青年女性典型发型

图 10-31　20 世纪 60 年代
青年女性两种典型发式

图 10-32　20 世纪 60 年代
初少女短辫且额前烫
"刘海儿"的形象

图 10-33　20 世纪 60 年代女学生的诸式发型

图 10-34　20 世纪 60 年代末
下乡女知青的长辫

农村少女或女童，仍有梳单辫的，单辫在后背垂下，有长有短，系扎处都系上一条红布带，当年称绢带。

尽管当年全国人的发型都以工农发型为主流，但细看起来，无论男女老幼，平头、短发、辫发，还是可以看出城市和农村的些微差异，这种差异至 20 世纪 70 年代之后就逐渐消失了。

三、20世纪70年代后期萌生多样

1978年12月，党中央召开的十一届三中全会，确定了打开国门、改革开放的政策，随之而来的西方社会的生活方式，包括时装和发型涌入了神州大地。因而1979年初，新的时尚迅速给中国人带来了各种各样的时髦样式。

发型丰富起来的原因，一部分是人们将十年禁锢期间被取消的又重新拾起，如老年妇女的盘髻。由于老年妇女是在不得已的情况下，才将头发剪短散开，始终也难以忘怀那种发髻情结，因而社会氛围稍微宽松，她们便急切地又将头发在脑后盘起。

20世纪70年代后期，确切地说是1979年，理发店恢复烫发，与此同时，婚纱照也恢复了，这二者密不可分。青年女性开始寻求新花样，如将双辫在脑后交叉，然后用发卡固定，虽然动作不大，但是确实又多了些变化（图10-35、图10-36）。

相比之下，男性发型至此变化不是很大，只是有人试探着将头发留得长一点儿。同时，也有一些梳小平头、小背头的男性有意将头发留得短一点，总之是在寻求多样。总起来看，人们思想上的约束少了，在服饰和发型上的求新求变心理也就活跃起来了（图10-37）。

图10-35　20世纪70年代末将双辫交叉盘于脑后的形象

图10-36　20世纪70年代末刚恢复婚纱照时的烫发形象

图10-37　20世纪70年代家庭照中的男、女发型1

第四节 | 20世纪80年代、90年代世界潮流引领

20世纪80年代和90年代，是中国经济飞速发展的重要时期。中国人与其他国家人民的往来加之电视机的普及，使人们的精神生活呈现出大幅度开放的态势。外国人到中国来投资、办厂和旅游，中国人去国外旅游、学习和从事贸易活动，无疑使中国人的眼界开阔了。由此自然形成的是中国人的生活方式也发生了变化，而更加突出的是中国的社会包容度增加了，这直接影响到发型。

一、男子发型不拘一格

思想开放了，人们的发型也就可以随心所欲了。这一时期的男子发型有分头、小背头等。

分头：主要是偏分，可以加烫，可以加有意造型，即利用啫喱。啫喱一类美发用品是有些呈黏性的略稠液体，能够使头发按时尚的流行趋势任意梳制。理发店里明确有洗、剪、吹的一套流程，能够在清洁的基础上再予以装饰，以使其美观。再普通的分头也可以做出许多风格来（图10-38）。

图10-38　20世纪80年代男性的普通发型

小背头：中年男性梳背头的多了起来，一般只是向后梳，再打上些头油或啫喱水，油光瓦亮，颇显出中年人的成熟与气派（图10-39）。

长发：男子长发原本是中国人

图10-39　20世纪80年代中年男性的发型

第十讲　20世纪下半叶发型——

177

的传统，但必须要系扎起来，就那样披着好像不合体统。在古代时只有重刑犯人才会这样，而20世纪70年代及以前，常被认为是不伦不类，起码是不修边幅之人。可是打开国门后的中国男性，先是导演、画家讲究留长发，似乎散发披至耳后或双肩，是一种极洒脱的发型。在此基础上，一些小青年也开始留长发，颇有些追求"另类"的模样。

马尾头：20世纪80年代之后的男性长发，直接导致了有人将头发留得很长，不满足止于脑后。为了潇洒又利索，于是像西方国家音乐指挥那样，把头发在脑后扎束起来。扎束下面的头发即散着，可是长度也很惊人，不少人的马尾巴可长至腰间，当然更多的是至后颈及背。这些发型比较大胆，多为文艺青年的时尚表现。

平头、光头等继续沿用，但平头已出现新造型的端倪。总之，这一时期的发型可以不拘一格，发型作为艺术造型，开始出现各种不断求新求异的势头。

染发出现了。可以在理发店完成，也可以在家里染（图10-40）。

图 10-40　20 世纪 80 年代家庭照中的男、女诸式发型

二、女子发型任意发挥

由于社会宽容度的增加，加之通信渠道的缩短，很多西方国家的时尚形象，包括衣装和发型都可以瞬间被中国人所汲取。当然，不同人群有各自的侧重点，也有各自的选择。这种不同人群的界定，可以按年龄，也可以按职业，更重要的是意识。总之，在20世纪80年代、90年代时，中国女性不再拘泥于传统的发型，也不满足

于别国的时尚，而是想梳成什么样就梳成什么样。改革开放初期，追求时尚没有规范性动作，也没有统一部署，因而发型一时五花八门，只要自己认为是新鲜的，或是异类的，再或能引来一些回头率，这就够了。

烫发已相当普遍，这时已不再用火、电，而是用药物了，故而称为"冷烫"。烫发的药物无论用什么名字，都属于"冷烫精"一类。披肩、齐肩的大波浪很普遍，小卷花的也流行。小卷花的甚至可以小到完全的碎花，看不出卷，满头都是蓬蓬的。20世纪80年代国际上时兴起"爆炸头"，而中国恰逢打开国门，因而烫发业极力推出这种富有刺激性的发型，时髦人也愿意接受，一下子，满头都是花花碎碎向上向外张扬的头发，给人感觉像是机场、车站提醒人别带易炸物的标志。"爆炸头"可以被看作是改革开放后随着喇叭裤和蛤蟆镜（太阳镜）一起涌入神州的新事物。到了20世纪90年代，烫发已成常态，无论是为了好看还是为了增加头发的厚度，尽可以为之（图10-41）。

披肩发在青年女子中非常普遍，似乎披肩发就带着新颖、洋气和青春气。只要是发质稍好的即可以留一头乌黑发亮、如瀑布般倾泻而下的披肩发，不需要任何装饰，这就是青春（图10-42、图10-43）。

图 10-41　20 世纪 80 年代末的女性烫发形象

图 10-42　20 世纪 90 年代女大学生的披肩发等诸式发型

图 10-43　20 世纪 90 年代青年女子的披肩发

179

马尾头是一种与披肩发很接近的发型。很多青年女性都是不忙时将长发散开，呈披肩状，有工作要做时为了利索，用皮筋将长发在脑后一拢，随即扎上，成了马尾头，应该说这两种发型是相连的。如果从年龄上区别，青少年多为向后上方扎，更显年轻活泼，走起路来一甩一甩的，确实凸显女青年的精神焕发（图10-44）。中年乃至老年妇女也梳马尾头，从位置上来说就相对靠下了，从人的前面看，与盘髻、交辫相差无几，梳起来很方便，也很自然。

短发依然被很多人所采用，只是远不是20世纪60年代那时的短发了。20世纪80年代受日本电影的影响，很多短发都是前额齐眉的"刘海儿"，甚至长及眉下，挡在眼睛上。左右及后方的头发吹成向里卷的，有些像日本儿童偶人的形象，因此被称为"娃娃头"。稍长些并向里卷，或是做出些曲线状的短发，被称为"荷叶头"。另外，20世纪20年代曾经在西方流行的齐耳上短发——"波波头"，经1913年至1929年的发展演变，到20世纪60年代又在西方变成长度拉长至耳朵或耳垂下缘的形式。20世纪90年代，波波头传入我国时，被人们称为"蘑菇头"。据说还有从"沙宣发"来的说法。总之是短发，看起来精干、青春，一副洒脱又便捷的现代化模样。人们说"波波头"从1909年出现，到2009年还出现在《时尚杂志》上，而且此后一直在以微弱的变化来保持新鲜感，从未离开过人们的视线。

短发至20世纪90年代，又出现拉长的趋势，如流行的"锁骨发"，就是长至颈，并呈现内扣状，接近人的锁骨部位，明显区别于旧时长至肩部的短发样式。这一类随时兴起，在一个范围内流行，过一阵儿又被其他样式所取代的发型层出不穷，充分满足了中青年女性的好奇心和求新求异心理（图10-45、图10-46）。

图10-44　20世纪90年代青年女子的马尾头

图10-45　20世纪80年代
青年女性的时尚短发

图10-46　20世纪80年代末
女子的短发、烫发等发型

辫发仍然存在，甚至有些返回传统，又以老式双辫的形象来当作时尚。年轻学子们将头发在两耳处扎起，再编成又粗又长的辫子垂下来，有的垂在胸前。乍一看，有些很久远的感觉，但是宛如民间大花被面突然挤进时尚，而且成为前沿似的，一时好像很新鲜。脑后垂着单辫的发型几乎不存在了，梳着像20世纪60年代那样短辫的也看不到了，这就是20世纪80年代和90年代的女青年，我们在前面的合影照中可以看到。

盘髻照样存在，只是与历史上的脑后髻已经相去甚远，也不限于婚后和老年妇女了，各种时髦盘髻在成年女性中大量应用，盘的方式及造型都不同于传统，有些还在美发比赛中出现诗一般的名称，如"小桥流水""村上人家"等，可以想见首饰也在变化，可以在黑色立体发髻上创造出种种自然景象。

染发是这一时期最显时尚的。染发不只是年长者不想要白发，从而染成黑色的。这一类太普遍了，各种品牌的染发精也层出不穷，但这算不上时尚。最时髦的是将好端端的黑发染成棕色或黄色，这种染发的初衷是在学欧洲，确切地说是学欧罗巴人。一时间，黑发已不新潮，黄头发才见高端与前沿。更有甚者，将一头黑发染成全白，据说是为了在迪斯科舞厅的旋转彩灯下，可以充分显示出五彩缤纷且又光怪陆离的效果。有不少人不全染成白或黄发，而是有意识地染一绺白发或一绺黄发，还有的染成从黄到深棕一绺一绺呈递进色阶的颜色。总之，20世纪80年代到90年代时，人们觉得欧美的头发颜色很好看，而看不上自己老祖宗的一头乌发了。经过修饰的新娘装，最能够体现出发型的完整效果（图10-47）。

理发店的生意很好，服务项目越来越丰富，如果顾客觉得染后颜色不如意，还可以再完全用药水退染。当然，这一过程对发质是个无法估量的损失。除了以上说的黄色和棕色之外，尚有染成纯绿色的，或是大红色的。相对来说，蓝色比较少见，一般只在动画片中体现。

为了配合染发的最佳效果，发型也需要一些特殊处理。例如，男青年染黄发后，将头发留得稍微长一点，

图10-47　20世纪80年代中期
新娘婚纱照中显示的精致发型

像麦垛一样；还有的便是将中间头发烫剪成向正上方竖立的样子，远远看去，像个鸡毛毽，加之人一走一颠，更像毽子在飞上飞下。女青年可以留短发或扎起来，如果特意染成白发，一般是梳剪成圆圆的短发，以便更好地体现出反光美感。

三、少儿发型新旧同在

改革开放后的中国，特别是大城市，古来的少年儿童传统发型基本不用了，只有在乡村小镇上，还偶尔能看到几岁大的男孩有在头顶前留一小块桃形发，或是在脑后留一撮头发的。这种情景，几乎恍若隔世。

婴儿剪胎发时，有在囟门处留一块儿的，不过越来越少见，因为妈妈越来越年轻了，她们已不太喜欢那种老式的胎头。与此同时，婴幼儿服务业推出一种新业务，剃胎发，将胎发制成毛笔状，以给孩童留下他们初来世界时的纪念。这样一来，更不会再给婴儿留什么发型了，很多都是全剪光或剃光。

少儿服装开始出现新式倾向，同时出现的自然是少儿发型也趋于新时代。幼儿至少儿期，男孩就是小平头，女孩头发长的，也可以像年轻女性那样留前额刘海儿的娃娃头，只有女孩儿头发不够多的，才会用皮筋扎上若干个小辫儿。所谓小辫儿，不分股，不编辫儿，有的索性扎在头顶，向上竖着，以致整个发型像水果、蛋糕似的，这就尽其所能，应有尽有了。当然，这种向不同方向扩展的小立辫儿仅限于学龄前女童。

总之，少年儿童的发型也像大人那样，基本是西式，也可叫作国际式。连同少儿的整体服饰形象，西式趋势十分明显，同时不乏传统发型，毕竟中国太大了（图10-48~图10-50）。

图10-48　20世纪80年代女童扎辫形象

图 10-49 20 世纪 80 年代女童梳辫形象

图 10-50 20 世纪 90 年代男童发型

延展阅读

社会语言中有关发型的词汇

1. 青鬟：原为女子乌黑头发梳成的环形发髻，后用来代称美女。唐陈陶《洛城见贺自真飞升》诗写："朱顶舞低迎绛节，青鬟歌对驻香軿。"

2. 油鬏髻：原为女性的发髻，后作为女子的代指。元末明初戏曲家贾仲名在《对玉梳》中写："生着那义和的兄弟厮寻争，孝顺的儿子学生分，都是俺个败人家油鬏髻太岁，送人命粉脸脑凶神。"

3. 油头：指头发梳得油光锃亮。多被称轻浮或游手好闲的男子。元代无名氏《陈州粜米》写："刘衙内原非令器，杨金吾更是油头。"

4. 油头光棍：对浪荡子弟的贬称。《官场现形记》中写："说着，七大人进来了。穿的衣服并不像什么大人老爷，简直油头光棍一样。"

5. 云髻：原为女子像云朵一样的发髻，后代指美女。宋梅尧臣《饮刘原甫舍人家同江邻几陈和叔学士观白鹇孔》诗中写："又令三云髻，行酒何绰约。"

6. 垂髫：原意为儿童发式，后借以代指儿童。东晋陶渊明《桃花源记》中有"黄发垂髫，并怡然自乐"。另有《三国志》中"臣垂髫执简，累勤取官"。

7. 羁贯：原为古代儿童的一种纵横交错的修剪式发型，后借指儿童。《谷梁传·昭公十九年》中有"羁贯成童，不就师傅，父之罪也"。

8. 羁角：古时称女童发为羁，称男童发为角，因而后来借指儿童。汉杨雄《法言·五百》中记："或问：'礼难以强世？'曰：'难故强世。如夷俟、倨肆，羁角之哺果而啖之，奚其强？'"唐刘禹锡诗中有："扶斑白，挈羁角。"

9. 髫儿：以儿童发型借指幼儿。北宋王安石《忆昨诗示诸外弟》诗中有："当时髫儿戏我侧，于今冠佩何颀颀。"

10. 总角：古代儿童形状似动物小角的发型，后以此借称儿童。北宋苏轼《范文正公文集》序中记："庆历三年，轼始总角，入乡校。"

11. 刘海（儿）：民间关于刘海儿的传说有多种。除了如今一些说法以外，还有说刘海本为汉代官员，西王母两次见到刘海相隔许多年，可是刘海容颜未变，总是年轻状，因而后来的"刘海儿戏金蟾"图即将刘海儿画成留着儿童垂发的形象。在发型显现中，齐眉剪成额发的有多种样式，但均被称为"刘海儿"。民间谓"从那边儿来了一个刘海儿"，即是借指一个女孩儿或年轻女性。男性少年儿童时也有留"刘海儿"的，但相对较少，因而不具典型性。

12. 剪发披缁：缁衣是由黑色布帛制成的，常用来指僧尼之服。唐蒋防《霍小玉传》中写："妾便舍弃人事，剪发披缁，夙昔之愿，于此足矣。"以后被指出家为僧尼。这里"剪发"，即为"剃发"。同一类词还有"披缁削发"，《初刻拍案惊奇》中写："何不舍离爱欲，披缁削发，就此出家。"

课后练习题

1. 20世纪后半叶，中国人发型出现了哪些变化？
2. 你怎么看待染发？染发属于生理需求还是心理需求？

第十一讲

21世纪
前20年发型

课程名称	21世纪前20年发型
教学内容	时代背景简述 发型时尚且个性 美发业空前发展 发型研究尚待时日
课程时数	6课时
教学目的	本章介绍了21世纪前20年发型的主要特点,让学生体会21世纪以来中国发型艺术的新的时代特色,引导学生理性、客观地思考美发在环保用品、个人健康,以及在国际时尚界中的地位等问题;帮助学生了解当前发型流行的主要趋势与渠道,以及互联网的高速发展对发型流行及美发行业的多重影响。让更多学生、美发技术人员等理解学习发型史的重要意义,提高大家学习发型史的意识
教学方法	讲授法
教学要求	1. 使学生了解21世纪前20年发型的主要特色 2. 使学生主动思考当前美发行业中存在的环保、健康等问题 3. 使学生了解互联网发展带给美发业的影响及美发业的未来走向 4. 使学生真正认识到学习发型史的重要意义

第一节 ｜ 时代背景简述

今天，21世纪已经跨入第三个10年，在中华人民共和国成立72周年，改革开放43周年之际，又迎来了中国共产党的百岁生日。这是一个令中国人扬眉吐气的历史时刻。

回顾21世纪的最初20年，自然就会感到，时代进入一个新的世纪，意味着有许多新的思想、新的理念正在不断生成、演化，并不断推出更加崭新的意识及方式，当发型和衣着构成一个整体服饰形象时，它是最有视觉冲击力因而也是最具影响力的，服饰形象与社会思潮的互为影响是最为显见的形式之一。

在国际上，后现代主义思潮越发深入人心，浸润到许多领域。这种思维影响到时尚界的结果是，无中心、无规律、无权威已成大势所趋。中国人面对令人眼花缭乱的发型，早已司空见惯。随着思想开放程度的加大，中国的社会宽容度逐年递增，只要不违法，人们愿意梳理怎样的发型都无所谓。个性越来越被重视，大家觉得"穿衣戴帽，各有所好"是正常的，别人不应该干涉他人着装，这显示着一种新的人生态度，一种良好的社会风气，一种看似无序实则井然的社会秩序正在确立并在提升的过程中。而这些恰恰说明社会在快速进步，文明正向高度发展。

21世纪，中国发型艺术史在进程中明显地显示出新的时代特色。不同于以往任何一个时代的，是人们更加理性、更加客观，加强了一些思考。在纷繁的时尚流行中，中国人开始问为什么？怎么办？如何发展？例如对染发的兴起，对美发用品的环保要求，对美发与健康的关系，对中国发型何时在国际时尚界占据一席之地的期望……中国显然还没有恢复汉唐宋明时衣冠大国的风采，也许我们没有必要再重温大唐发型及整体服饰形象即集结大半个世界人类智慧的辉煌，但是中国人已经找回了自我，找回了中华民族的自信与雄心，中国正在由站起来到富起来，如今向强起来大步迈进时，中国人对中华民族的发型及形象格外热爱。这从种种发型塑造、发型设计理念和发型研究的成果上已经明确地表现出来。

21世纪已经进入第23个年头，人们感觉如何呢？互联网、智能化、大数据、云计算已经深入百姓中间，时尚国际化也早已不新鲜。这一阶段有亮点需要提一下，即新发型虽然转瞬即逝，但是人们追赶时尚的热情依然不减。社会节奏成倍加速，可是人们仍旧找寻时尚潮流。手机联网、微博、微信、客户端等新兴电子业的新技术实施，使时尚更加牵动着人们的神经。从现实中可以看到，时尚流行更加迅速，覆盖面也更广，只是有一些与原来的时尚潮流所不同之处，那就是更加多元化，而且人们追逐潮流的心也趋于平静，很多是将其当作一种生活乐趣，或说是在繁忙的工作之余的一种消遣而已，不再看得特别重。

还有一点是，发型在中国虽然能追上时代步伐，但在研究上，尚有很大的空间。发型艺术是文化的一部分，我们不仅从发型上能看出时代，也能看出民族；更能够看到远古的故事和迷人的传说；发型不是无足轻重的，也不是独立存在的；发型不仅仅是艺术创造物，它还曾连着历史风云，而且是时时刻刻显示着我们的精神面貌。

试想，随着中国变得越来越强大，中国科技和中国经济在世界上越来越具影响力，那么，我们的发型、我们的整体服饰形象不是在世界上更加耀眼吗？历史上，我们的发型曾经影响了周边的国家，也曾远渡重洋到达彼岸。中国人，这个响亮的名字，必将以我们的实力、我们的形象醒目地活跃在世界大舞台上。

第二节 ｜ 发型时尚且个性

进入21世纪之后，中国人对于发型和服饰的态度大为改观，那就是见怪不怪了。见到任何新鲜奇异的发型不再大惊小怪，也不会再蜂拥般学着追赶，而是冷静地观察。在此基础上再考虑是自己也去试一试，还是不去管它。总之，反映出的是人们在对待时尚时变得成熟了。从全社会来讲，明显是社会宽容度与日俱增，远超过世纪之交。21世纪的第二个10年愈益显示出这种大时代、大国度的气魄。

一、男子发型敢于求怪

男子发型求怪的直接原因，先是受到国外电影和互联网信息的影响，如20世纪80年代在西方社会流行的朋克风，刚传到中国时，中国人还不能接受，或是选择性接受，如朋克装的别针、金属针等，还有骷髅形平面图案和立体饰件。可是，到了新世纪，朋克风那种用啫喱水把头发捏成的头上"双角"，出现在许多中国青年身上。"公鸡头"像公鸡冠子的发型，也被许多文艺青年或街头无业青年采用。大家对此已觉得无所谓，各有所爱吧。

较为新颖的发型可以分成几类，其中有些是在传统模式上加以创新的，有些则是更为大胆一些。这一时期男子的发型有长发、马尾头、光头等。

长发：男子披散长发还是停留在文艺范儿的人中间，无论年龄长幼。但长至肩部的男子长发，显然比短发长，但又不至太长的发型大量存在。凡是有些颓废或随意倾向的老中青男子都可以这样。不用推子，只用剪子，剪成有型有款的模样，却又好像长时间未理发的样子。这种不算太长的长发已经是随处可见了，知识分子中留的不在少数，教师略长的长发，也为校方和学生接受（图11-1～图11-3）。

马尾头：这种发型相对长发来讲，还是为数不多。各个年龄段都有，但更多地在艺术界。有些人后留马尾，前面还留胡子（图11-4、图11-5）。

光头：这种发型不在少数，以前多为中老年人的发型，后来由于年轻人发际线过早后移，竟然也在无奈之下选择了光头。好在21世纪的人见多识广，也不再计较这样的人是属于哪一类人了（图11-6）。

毛刺：毛刺和头茬介乎于光头和短发之间，从称呼上就可以形象地感觉到，这

图 11-1　颇显艺术范儿的男子长发

图 11-2　男子长发追求一种新风格

图 11-3　美术专业大学生的长发形象

图 11-4　男子扎马尾很常见

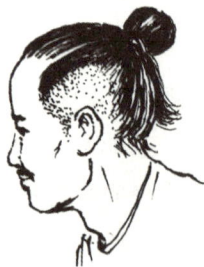

图 11-5　男子扎马尾也有多种样式

图 11-6　男子光头与长发同在

种发型没像光头那么彻底，而是稍微留了很短的一层。如果细究其与头茬的区别，那就是又比头茬长一点，多用于中年基层工作者。不过，21世纪后，青年男子也理毛刺，这个年龄段的毛刺样式则五花八门了（图11-7~图11-9）。

短发：短发还是为21世纪的中国男性所普遍采用，主要仍不外乎分头、平头、背头等。通过社会观察可以发现，只有少数人是为了追求狂野和怪异。"板寸"，即将脑袋一圈的头发剃掉，露出青头皮，头顶上有3厘米多一点儿高的头发，过去曾称"寸头"。21世纪初开始出现将所留的这一片头发理成平板状，有些怪怪的，好像有些剽悍气。当然，也有些人脸部较圆，颈部胖胖的，再留"板寸"就有些滑稽了。总之，有一些短发在新世纪有了新面貌（图11-10、图11-11）。

花样短发至21世纪第二个10年末，开始出现有名有题的新式样。说起来仍属短发，只是此短发已不是彼短发，可谓越来越讲究。例如，2019年前后，能说上名的有"蓬松自来卷"，这是加烫的，所谓自来卷，并不是真的生来自有的，而是做成松松的好似生来就有的卷发似的，以突出其自然；"韩风三七分"，这是受韩国影视剧中男主角影响而来的，所说三七分，其实就是偏发，只不过到这时的偏发可以做得很俏皮；"刘海各式"，即额前有散落下来的长发，显得很年少，这种发型借助烫剪，能够做出各种式样。

花样短发有前垂散发的，如以上所说，但不都是那么文气，还有一种"个性狗啃刘海"，即是采用参差不齐的额发造型来塑造每一个自我。也有前额绝不要垂发的，如"帅气露额"，额前的头发留得齐齐的，而且一字线很高，一扫多年来的偏分和学生头样式。更有别出心裁的，还在耳上极短头发茬的部位，剃出细细的空白线。空白线形成图案，如出现"之"字形的，就叫"闪电"。那种前额齐齐并高至几乎发际线的发型，也叫作"贝克汉头"，即球星贝克汉姆式的（图11-12~图11-17）。

花样短发中比较正统而且突出文气的是"商务头"，这种发型可以不多加人工干预，也可以烫成各种装饰造型，如"刘海上抓"就是稍作艺术加工的。刚理好时可以通过发胶类美发品将其固定，也可以以烫为主要手法（图11-18、图11-19）。

花样短发至当代，很多都做得十分精致，如"纹理烫""欧美渐变创意发型"，这些确属创意型的。还有什么"一款分线"，都不是仅停留在名字上，做发型时可以凭借美发师的灵感任意发挥。

花样短发至2021年时，又出现了"短发微钩"等细腻的美发做工。另外，抹得很亮很光滑的"背头"也已经不是过去背头的概念了（图11-20）。

总起来说，21世纪最初20年的中国男子发型，总是在不断地推出新花样，以谋求改变，但变的主要是细微处，明显趋势是愈益精致了。即使是做成流浪汉的头发样式，细看也经过许多构思、精工细作的。在发型上极度讲究的当然是男青年。

图 11-7　清纯的男子
"毛刺"

图 11-8　中庸的男子
"毛刺"

图 11-9　质朴的男子
"毛刺"

图 11-10　非典型板寸式
短发及微背头、稍短发

图 11-11　青年知识
分子的标准短发

图 11-12　带图案的
花样短发

图 11-13　蓬松型花样
短发

图 11-14　两鬓浅平花
样短发

图 11-15　偏发花样
短发

图 11-16　平短花样
短发

图 11-17　前"刘海儿"
花样短发

图 11-18　21世纪第一个
10年的商务型花样短发

图 11-19　21 世纪
第二个10年的商务型
花样短发

图 11-20　精致的背头
式花样短发

二、女子发型变幻莫测

21世纪是个飞速发展又极尽创新的时代，因此，本来就不愿安于现状，时不时变换新花样的中国女子发型，更迎来了发展的大好时机。

从大类来说，还是不外乎长发、短发、辫发和盘髻，但是细看却大为变样而且天天在变。

长发："黑长直"是进入21世纪后贯穿20年的，可能年轻女性都想拥有一头秀发，尤其是新世纪中国青年人更热衷于中华传统，所以始终流行、长久不衰的就是自然黑发（蒙古利亚人的发色发形），能长一些至后背腰上当然更好，且不要染烫成金黄色卷发（欧罗巴人的发色发形），这种发型需要有良好的先天条件，那就是不能偏黄、干枯、散乱，发质相当好的姑娘才可能有瀑布一般黑色的披肩发，年龄稍长些发质会不同程度地变糟，其实很难再有像青春年少那样秀气且又飘逸的披肩长发了（图11-21~图11-23）。

长发加烫，这种流行样式主要是欧罗巴人的自然头发形态。由于中国人需要烫成卷发，因而在长发中有所谓"长卷"，即"大波浪卷""小波浪卷"。据说这种波浪卷能给现代淑女带来大气场，看起来很高端的样子（图11-24~图11-29）。

图 11-21 顺直长发

图 11-22 飘逸的长发

图 11-23 散乱长发

图 11-24 长发加烫正面形象

图 11-25 长发加烫羊毛卷背面形象

图 11-26 长发加烫远观效果

图 11-27 大波浪披肩发正面形象

图 11-28 大波浪披肩发背面形象

长发大卷可以在局部加以调整，如额部做成"碎齐刘海""龙须刘海""八字刘海"等，分发可以三七分，也可以中分。2021年的女青年认为中分更女神。发梢也可以烫成外翻状，一反黑长直的中国当代淑女样，从而显得有些凌乱，也就更显得随意慵懒，休闲时可显得放松，因此避免了呆板（图11-30~图11-37）。

长发和短发都可以形成的部分特征，衍生出一些共有的时髦名称，如"中分蓬松大卷""八字刘海凌乱卷""唯美"等。

图11-29　波浪型长发凸显神采飘逸

图11-30　中长发的"碎齐刘海"

图11-31　活泼"碎齐刘海"

图11-32　齐肩发"八字刘海"

图11-33　长发"八字刘海"

图11-34　披肩发"八字刘海"

图11-35　帅帅发"八字刘海"

图11-36　常见"龙须刘海"1

图11-37　常见"龙须刘海"2

短发：新时代的短发已不是过去的样子了。虽说仍是短发，显然21世纪的短发有了许多精致的变化。如19世纪在欧洲流行的波波头，到了2020年卷土重来。波波头优雅又青春气息十足，长期受到女青年的喜爱。新的样式可以将头发长度缩至耳朵上，又可以直至颈根，微微内扣。总的特色是前额保持厚重的斜刘海式，头顶蓬松感加强。同时"波波头"还可以有中国人特色的直发，再加上染成酒红色，据说更显俏丽（图11-38~图11-41）。

短发需要根据自己头发的多少来决定哪种样式更好看。如头发多的可以选择直

图 11-38 新式
"波波头" 1

图 11-39 新式
"波波头" 2

图 11-40 新式
"波波头" 3

图 11-41 新式
"波波头" 4

一些的，染成黄色、棕色、栗色甚至绿色、白色都很出效果；头发少的可以将发梢向外卷，再配个"稀疏刘海"或"偏分S刘海"，人为造成蓬松感，显得发量不少。如果再烫成或剪成各种所谓"改良版刘海"，那就可以塑造无限了。年轻人认为短发也能够使人仙气十足，这应该是现代卡通版的神仙了。

短发可以烫成卷发凌乱的样子，有名为"春天烫"，或许这样更显得生机勃勃、生意盎然？还有的短发遮住半个脸，有些颓废，也有些神秘，弄好了很吸引人，多了一些媚气；弄不好的话会显得矫揉造作，并且有碍工作。"刘海"本来在眉上，后有很多在眉下眼上，从世纪之交就有不少女孩将刘海留到眼睛的位置，眼皮抬起来和闭上两种状态，使刘海的魅力也有所变化，不过使与之交谈的人总觉得这种发型阻碍视觉（图11-42~图11-44）。

短发还有许多种，如2021年时兴的"侧露耳微卷发""睡不醒的波波头""齐耳中分"等。当然，时尚总是在变，2000年流行"直发"，2010年流行"温和卷发"，2021年却可以一会儿直、一会儿卷、一部分直、一部分卷了，总之人们永远都不会停下追逐时尚的脚步（图11-45~图11-47）。

中长发：介于长发和短发之间的，被人们称为中长发。2021年流行的有"斜刘海中长碎发""中分中长卷梢发"等，发型变化可以同于短发或长发。这

图 11-42 短发齐肩
"刘海" 正面形象

图 11-43 短发"刘海"
侧面形象

图 11-44 短发"刘海"
的远观效果

图 11-45 温和卷短发

里的中长发与前述长发有重叠，很多从形象上也难以用具体长度来划分。

辫发与马尾头：这两种发型常交叉在一起，如梳在脑后的，可以发根扎系后任头发散着，确实像马尾，但也可以在发根扎系后再编辫子，被人称为马尾辫。21世纪以来，这两种发型更是混合出现，甚至出现"双扎马尾辫"，短而翘起来的"俏皮马尾"，分段系扎的"卷花马尾"等，应有尽有。不属于马尾的短辫也是千奇百怪，如"杨桃辫"或"杨桃辫短发"，梳成以后，一副邻家女孩的模样，同时流行的还有走向奇特、装饰怪异的"脏辫"等（图11-48~图11-53）。

盘髻：21世纪的盘髻远非古时的模样，不在脑后，却在后脑部中上方。有的是将所有头发都绾成一个球状，固定在脑后方略向上的部位；有的是将一部分头发梳成球状髻，高高立于脑后，而其他头发仍然在前额和两侧垂着，如"龙须刘海丸子头"等。与以往流行不同的是，这种后高圆球髻的发型不受年龄限制。一头白发的老妪，梳这种发型也很具有时代气息，已与传统老太太的发髻截然不同（图11-54、图11-55）。

图 11-46 黑直短发

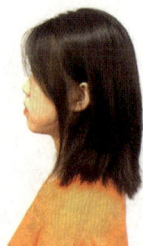

图 11-47 侧露耳短发

图 11-48 从颈后扎起的马尾

图 11-49 似曾相识的双扎——双马尾

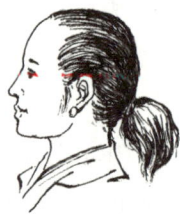

图 11-50 任意扎马尾侧面形象

图 11-51 活泼少女高扎马尾形象

图 11-52 可频繁更换造型的短发编辫

图 11-53 花样层出不穷的"脏辫"

图 11-54 丸子头正面形象

图 11-55 丸子头背面形象

三、原有发型依然通用

21世纪的中国人发型，突出一个"新"字，这里新的意义与以前曾出现的创新有所不同。时代在发展，发型肯定会随着人们意识的转变而不断出新。但是，21世纪的社会，人们更讲究的是创造新式发型的同时可以延续以往的样式，也就是说不排除原有的发型。应该承认，这正是人类审美理念高度提升的结果；宽容，审美空间加大。如果从不停歇地追求新样式和依然喜欢老样式的群体来划分一下类别的话，那么，会发现这里主要以年龄段区分最明显，即年轻人热衷于赶时尚，而中老年人相对保守。不过，与前代有所不同的是，年轻人并不因此歧视中老年人，而中老年人也不觉得年轻人轻浮，这就是以上强调的21世纪发型发展的新态势。

中老年人并不是全部醉心于以往的发型，只是其中大部分仍然延续着20世纪后半叶中国人的几种常用发型，他们觉得这并不是守旧，仅仅是正统而已。他们认为自己还是适用于原有的装扮发型，总之这些人感到这是很正常、很合适，不必多加考虑。

中老年人中间还有一部分人喜欢发型出新，如男性也像年轻人那样留起长发，或是也将长发扎成一个马尾巴，还有的看有一种平平的短发很时髦，于是在熟人、同事或美发师的动员下也予以采用，如"板寸"。只不过，中老年人的这种追求时尚，比起年轻人来说显得有些拘谨，因此可以认定这些中老年人的发型在总体造型上依然延续着原有风格，只不过稍稍趋新。

还有一种划分方法是根据职业特征，如在社会生活中，明显看到某些职业的中老年人，追求时尚的热情并不逊于年轻人，这一点在演艺界、美术界、摄影界中表现很突出，以至于人们看到有些中老年人蓄长发、扎马尾辫，就会不由自主地说，您是导演？画家？事实上或许真是这样。因为，如此时髦的发型在医学界和教育界相对较少，若尚且存在的话，也多半是美术、摄影或表演等专业的教师。

从这种发型的社会流行规律来看，即使到了21世纪，时尚流行日新月异，但是仍有相当一部分人延续着原有的，也就是20世纪下半叶的发型，而且他们自己和社会并不觉得这是陈旧，一切都统一在21世纪发型个性且时尚的时代特征中（图11-56~图11-66）。

图11-56　女大学生发型

图 11-57 静静地"蔻"
味披肩发

图 11-58 现代"酷"
味十足的短发

图 11-59 延续多年的
儿童发型

图 11-60 2007 年婚纱
照中显示的男、女发型

图 11-61 唐装婚服形
象中的发型

图 11-62 童话氛围婚
服配置的发型

图 11-63 21 世纪初的
机关干部发型

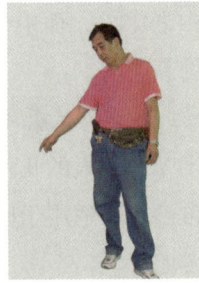

图 11-64 售货人员的
发型

图 11-65 乡村妇女的
盘髻发型

图 11-66 知识分子的
背头发型

四、网络比电影导引更便捷

在人类历史上，时尚传播的方式先是人传人，由人的流动引发，从而形成了几种传播途径。概括起来可分为三种：一是从中心向四周辐射，如宫廷创造时尚，由某位皇帝、皇后、嫔妃，然后传至大臣、富豪，再传至百姓中间。这种传播方式也叫"瀑布式"，自上而下在发型上，假髻就是从君主阶层发明而后遍及黎庶的。二是自下而上的"泉水式"流行也在发型上有所存在，如西方流浪汉式散乱短发出现在某个国家元首头上，这在21世纪时已经不觉新鲜。三是从人员流动较为频繁的地区向较为封闭的内地流行，这纯属再自然不过的社会规律了。

以上是古代或是不太发达的社会所存在的流行状况，进入近代以后，高度发达的科技使流行突破了人传人的模式，可以通过视觉艺术品，如电影等。电影中的人物形象，包括服装和发型，短时间即可影响到世界各地。而电视更是加快了传播的速度，各种生活方式都可以瞬间传遍全球。

电影演员的明星效应反映到发型上的例子不胜枚举，如20世纪50年代西方流行的"赫本头"，即因为出生在比利时的英国女星奥黛丽·赫本留了一个惊动世人的帅气短发，酷似男孩，从而引起流行。像《罗马假日》那样的有名电影至今令人称道，赫本头也是几度兴起。20世纪70年代在西方流行的"费拉头"，也是因美国老牌明星费拉·福赛特的银幕形象而一举走红。"费拉头"是一头大卷的金发，很典型的欧罗巴人发型。

电视片做起来比电影更快，而且节省成本。电视的传播作用不限于电视连续剧的演员装束，还有更真实更及时的直播。播放节目中的人物也不再局限于演员了，可以是体育运动员，也可以是戏剧舞蹈等演出中的演员。例如，近年来流行的男性"贝克汉头"，就是人们认为足球明星贝克汉姆非常有人气，因而来个"贝克汉头"也觉得很时尚。这种传播方式比电影更为普及，不可小觑。

时尚杂志是早于电影传播时尚形象的，但它延续时间很长，自1836年创刊的《优雅巴黎》发行以来，时尚杂志上的形象一直在小众之中率先引起流行，然后走向大众。前面所说的"波波头"是20世纪初在西方出现的，最初被认为是反传统的女性梳的短发。"波波头"在脑后枕骨部位的头发比较厚，因而形成一种很活泼很俏美的样子。从严肃的意义上讲，人们也曾认为是妇女解放的象征。1913年正式在西方流行，至1929年经几番变化。其间起到推波助澜作用的，很大程度上要归功于时尚杂志，这些时尚杂志也曾被称为时髦画报。在电影尚未出现时，纸质的画报无疑给人们以直观的视觉冲击。这里面包括一些元首夫人、贵族名媛和电影表演者的发型，直接会引导人们去模仿。据说"波波头"正因出现在交谊舞演员爱莲娜·卡斯的头上，因此掀起一阵热潮。

21世纪的信息通道缩短，很大程度上是因为互联网的使用，因为其普及面广泛，凡是能接收互联网信号的地方，都可以收到来自任何一方的信息。这样一来，关于流行发型的最新形象就可以随时为大家所观看，进而迅速获得有关的"一切"，包括形象资料和文字资料，也包括具体做法和名人效应等。与前述电影、电视剧和长期发挥传播作用的杂志画报相比，显然网上的信息更多更丰富。这就是21世纪的时尚传播方式。

第三节 | 美发业空前发展

暂且不提制度、礼仪等官方发型制作，也不提个人在自家由丫环或自己梳头，这里从民间剃头师傅说起，意在说明理发成为社会一个行当后，如何至21世纪美发业形成规模。也就是说，从剃头挑子沿街跑，到在商业区和居民区以店铺形式营业的理发店，再到设备齐全、讲求服务质量的美发店走过了很长的路。

一、美发店强调品牌

21世纪的城市街区，老字号理发店仍然部分保留，但更为闪亮的是，充分体现都市生活的已是灯光闪烁的美发店、美发厅。头发的"发"字标明行业，标明服务品类，而"理"到"美"的跨越显示出许多不同。"理发店"是重在梳理，实实在在地解决头发长短的问题，当然最终也要讲究美。而"美发厅"无疑是提升了几个档次，一是强调视觉效果，重在打理出美的样子；二是不再满足于原有的水平，力求叫出一个新的行业名称，以显示其新时代的新特征。

尤其是接近21世纪的第三个10年，美发业掀起一股新型网红店浪潮，重视科学运营和品牌管理。不少美发店强力塑造自己的品牌，争取更有利的网上优势，以为众多高端客户提供极佳的品牌服务。这种服务性的品牌意识，加上确实负责任的工作态度和现代审美知识，就可以使一个服务品牌赢得大量客户的信任。请注意，强调品牌的美发店试图吸引的不是一般客户，而是所谓的高端客户。高端客户的直接表现就是肯花钱，舍得消费，并懂得时尚，或是出于客户本身的职业需求。

美发店规定并明示的服务流程，即服务项目有头发保养类、美发类、美容护肤类。

头发保养类：烫发修复、白发转黑、防脱生发、去油控屑、头部刮痧、头皮清洁等。

美发类：剪发、烫发、染发、接发、盘束发。

美容护肤类在本书中略去。

美发工具也比原有的理发工具要多，如美发梳、美发剪、电卷棒、烫染工具等。

美发梳：按功能分有按摩梳、造型梳，按质材分有猪鬃梳、塑料梳，按梳形分有长梳、短梳、薄梳、扁平梳等。

美发剪：除了平剪、牙剪、滑剪、翘剪等常用的剪刀之外，电推剪在新时代应用得十分频繁。

电卷棒：有电卷梳、自动卷发器、螺旋电卷棒、直筒型电卷棒、三棒电卷发器等。

烫染工具：有染发碗、染发梳等。

美发店还需要洁净考究的玻璃门面，高档的理发椅和现代洗发用的躺椅、洗面洗头配套设备。还有，过去理发店设置的镜子、围裙、毛巾等已经全部升级，燃气热水器和电动烘干器等也不是旧时模样了。

在具备以上条件以后，欲想打出品牌的理发店还应有高级美发师，其实这是个打造品牌并能长久保持品牌效应的关键。

二、美发师逐渐规范

首先说，中华人民共和国人力资源和社会保障部2009年颁布了《美发师国家职业技能标准》，并依据此文件设立考试制度。美发师需通过理论知识考试和技能操作考试，均达到百分制的60分，方为合格。

美发师职业资格证获取者的级别有五个，即初级（五级）、中级（四级）、高级（三级）、美发技师（二级）、美发高级技师（一级）。

每个等级的获取者必须具备规定条件，如高级技师，必须符合下列两项条件之一。第一是取得本职业即职业资格证书后，连续从事本职业工作3年以上，经本职业高级技师培训班按规定标准学时数，并取得毕（结）业证书；第二是取得本职业技师职业资格证书后，连续从事本职工作5年以上。当然，这只是参评的基本条件，至于能否评上，尚需客观环境允许，如名额和工作需要等。

总之，21世纪的美发行业突飞猛进，对于专业工作人员的要求也今非昔比。

三、美发融入综合服务

21世纪初的计算机普及，至第二个10年以来，肯定会影响到各个行业的日常工作及管理。如今，美发业提出一个新的口号，即经营模式，同时表明工作态度，就是"互联网+"美发综合服务平台。

"互联网+"美发综合服务平台说明既有实体店，又依靠线上运行。业内和业外人士都认为，如今的美发品牌店，也就是高档美发店开始考虑扩大从业范围，如逐渐从发型、脸型、身形、足型等多维度采集消费行为，打造成个人的形体数字化工厂。这种计划和表述方法充满了前沿的意味，但实际上类同于20世纪80年代至90年代的"形象设计"。这些想法本意是积极的，从表面上做到也不难，只是很难坚持下来。除个别有特殊需要并有充沛资金的消费者可以作为这样的顾客外，一般人很难达到。也许，持这种计划的人或服务店家，本来就是想从富裕小众身上获取利益。如果成功的话，设计师和店家可以同时获取知名度。只是，如想在当下达到网红所拥有的"粉丝"规模，恐怕单靠小众是达不到的。

21世纪的美发业，融入综合服务的趋势是不可逆转的。可是，如何做才能使店家与顾客双赢，或许不是一个大数据、一个多维度、一个形体数字化工厂所能实现的。美发业有自己的行业独特之处，若想全方位赶上现代化，想来是任重道远。

第四节 | 发型研究尚待时日

中国有五千年文明史，中国人发型的有意塑造应早于五千年，这从山顶洞人遗址中近两万年前的原始人项饰和骨针上可以推断出来。

千万年的历史长河，孕育了华夏文明，中国人在创造所有的时候，离不开发型的塑造。可是，纵观历史古籍和近现代著述，对于发型的记述不少，对于发型的研究却有所欠缺。

应该说，从《周礼》《仪礼》《礼记》中都可以看到中国注重仪礼中发型的规定，这说明发型在社会生活中的重要性。在随后的时代发展里，发型无时无刻不再变化，甚至不仅仅是时尚，往往还连着政治风云。

不得不正视的事实是，20世纪即在中国城市中开办了理发学校，曾属于中等职业学校和中等技术学校一类，直接培养的就是动手能力，也就是理发技术。可是，真正给学生们讲发型文化史的课几乎没有。社会中有不少美发美容学会，经常举办比赛等竞技活动，但是给专业人员培训时注重文化知识的更是少之又少。21世纪以来，很多关于美发的专业，与美容结合或并列，成为高等职业技术学院的一部分。美发、美容又可合并为形象设计。有的并入服装表演的专业设置之中，叫作服装表演与形象设计，存在于高校本科专业中。学生们在学习走台的同时，安排一些美发、美容课程，一般只限于请会理发的和掌握一点儿化妆手段的人来讲课。至于讲的内容，无外乎就是怎么拿剪子和梳子，怎么用粉扑和美目胶等具体初级技术。学生学起来，当然是蜻蜓点水，热闹过后全然不记。这样的专业在快速发展的21世纪学科专业迅速增删中，呈逐年递减趋势，主要原因是就业状况不理想。为什么？很明显是美发专业的设置出现了，但是美发专业的课程内容和得力师资还明显欠缺。从大处说，来源于高校扩招的社会事实；从小处说，就是这个专业还太薄弱。

我们应该重视的是，无论是美发专业学校，还是社会相关职业工作者协会，在学习过程中普遍存在教材缺失的实际问题。美发内容的书籍不是没有，但是多为发型图片，缺乏系统的历史知识和理论研究。21世纪的今天，各行各业都在走向规范，大数据、云计算已经把人们带入一个转瞬即变的时代，社会科学理论也在与自然科学融合成为新工科、新文科，发型研究还能够被我们视而不见吗？显然已经时不我待，必须马上列入议事日程了。否则的话，发型创新成了无源之水、无本之木，怎样跨向新的高度呢？

延展阅读

社会语言中有关发型和首饰的词汇

1.被发：披散着头发，常被用来形容未经开发的地区民众。《礼记》中有："东方曰夷，被发文身，有不火食者矣。"《论语》中写："微管仲，吾其被发左衽矣。"

2.散发：发不束整，常指解冠隐居或不受束缚。李白诗云："人生在世不称意，明朝散发弄扁舟。"

3.泥头：也称泥首，将污泥涂在头上，表示自辱服罪。《三国志》中记："（孙）权沈吟者历年，后遂幽闭和。于是骠骑将军朱据、尚书仆射屈晃率诸将吏泥头自缚，连日诣阙请和。"

4.抽簪：古代束发髻或将冠帽固定在头发上时需要一根簪子，因此抽去冠簪，常被用来预示官位不保或不想再做官。后来，人们就用"抽簪"比喻辞官归隐。白居易诗中曰："万一差池似前事，又应追悔不抽簪。"同类用法的还有"解簪"，不过解簪更有些被解职的意思，如清代唐孙华的《浙闻撤棘后闻以铨曹公事连染左官》中有"西风萧瑟动秋林，忽有邮书报解簪"。

5.落簪：指没有头发来插簪子了，转借为落发出家为僧（尼）。南朝宋宗炳书中写："神理风操似殊，不在琳比丘之后，宁当妄有毁人理，落簪于不实人之化哉？"

6.发指：形容头发竖起来，意为愤怒到了极点。《庄子·盗跖》中写："盗跖闻之大怒，目如明星，发上指冠。"《长生殿》中写"外有逆藩，内有奸相，好教人发指也"。

7.盍簪：因为古代人束发戴冠都必用簪子，所以盍簪是指朋友相聚。杜甫诗云："盍簪喧枥马，列炬散林鸦。"

8.苍头：古代奴仆常用青黑色布巾裹头，后代指奴仆。《二刻拍案惊奇》中写"正在没些起倒之际，只见一个管门的老苍头走出来"。

9.丫环：因古代年轻少女多梳丫髻，所以常将年少侍女统称为"丫环"。这一类泛指的词还有"丫鬟""丫髻""丫头"。例如，欧阳修的《憎苍蝇赋》中有"徒使苍头丫髻，巨扇挥"。李渔书中写："叫丫环取家法过来，待我赏他个下马威。"《红楼梦》中有："还有几个粗使的丫头……"巴金的《家》中则写："我宁愿在公馆里做一辈子的丫头。"

10.蛾眉蝉鬓：本意为形容女子那弯弯的像蚕蛾似的眉毛和薄如蝉翼的鬓发，后引申为美貌女子的泛用赞誉。《楚辞》中形容女子漂亮用"蛾眉曼只"，晋崔豹《古今注》中记有："魏文帝宫人绝所爱者……琼树乃制蝉鬓，缥缈如蝉……"南朝梁元帝诗中有："妆成理蝉鬓，笑罢敛蛾眉。"

11.风鬟雾鬓：形容女子蓬松散乱的发型。所用有二，一是概括女子浪漫、随意、不加修饰；二是形容遭受打击的女子，一副不可收拾、十分狼狈的样子。

12.鬓乱钗横：一般用来描绘女子刚睡醒尚未梳洗时的形象。宋王安石在《扇子词》中写："青冥风霜非人世，鬓乱钗横特地寒。"

课后练习题

1.21世纪的发型塑造手段发生哪些变化？

2.美发业如何提升科技和文化水平？

3.你认为新世纪发型艺术要如何发展？

参考文献

[1] 华梅. 人类服饰文化学[M]. 天津：天津人民出版社, 1995.

[2] 华梅, 等. 人类服饰文化学拓展研究[M]. 北京：人民日报出版社, 2019.

[3] 华梅. 服饰与中国文化[M]. 北京：人民出版社, 2001.

[4] 陈兆复. 中国岩画发现史[M]. 上海：上海人民出版社, 1991.

[5] 刘庆柱. 20世纪中国考古大发现[M]. 成都：四川大学出版社, 2000.

[6] 华梅. 古代服饰[M]. 北京：文物出版社, 2004.

[7] 杨泓. 美术考古半世纪：中国美术考古发现史[M]. 北京：文物出版社, 1997.

[8] 周汛, 高春明. 中国历代妇女妆饰[M]. 上海：学林出版社, 1988.

[9] 陶阳, 钟秀. 中国创世神话[M]. 上海：上海人民出版社, 1989.

[10] 袁珂, 周明. 中国神话资料萃编[M]. 成都：四川省社会科学院出版社, 1985.

[11] 马书田. 华夏诸神[M]. 北京：北京燕山出版社, 1990.

[12] 马昌仪. 古本山海经图说[M]. 济南：山东画报出版社, 2001.

[13] 陈戍国. 周礼·仪礼·礼记[M]. 长沙：岳麓书社, 1989.

[14] 华梅. 中国服装史（2018版）[M]. 北京：中国纺织出版社, 2018.

[15] 上海市戏曲学校中国服装史研究组. 中国历代服饰[M]. 上海：学林出版社, 1984.

[16] 高春明. 中国服饰名物考[M]. 上海：上海文化出版社, 2001.

[17] 金启华. 诗经全译[M]. 南京：江苏古籍出版社, 1984.

[18] 朱熹. 楚辞集注[M]. 李庆甲, 校点. 上海：上海古籍出版社, 1979.

[19] 崔豹, 等. 古今注·中华古今注·苏氏演义[M]. 上海：商务印书馆, 1966.

[20] 余英时. 士与中国文化[M]. 上海：上海人民出版社, 1987.

[21] 上海古籍出版社, 上海书店. 二十五史[M]. 上海：上海书店, 1986.

[22] 姚宝元, 刘福琪. 世说新语（文白对照全本）[M]. 天津：天津人民出版社, 1997.

[23] 干宝. 搜神记全译[M]. 黄涤明, 译注. 贵阳：贵州人民出版社, 1991.

[24] 华梅, 等. 中国历代《舆服志》研究[M]. 北京：商务印书馆, 2015.

[25] 段成式. 酉阳杂俎[M]. 方南生, 点校. 北京：中华书局, 1981.

[26] 花蕊夫人. 花蕊夫人词笺注[M]. 徐式文, 笺注. 成都：巴蜀书社, 1992.

[27] 安旭, 李泳. 西藏藏族服饰[M]. 北京：五洲传播出版社, 2001.

[28] 华梅. 新中国60年服饰路[M]. 北京：中国时代经济出版社, 2009.

[29] 刘一品. 民间美术鉴赏（新版）[M]. 天津：天津大学出版社, 2020.

[30] 刘一品, 华梅. 中国工艺美术史（新版）[M]. 天津：天津大学出版社, 2020.

[31] 华梅. 璀璨中华[M]. 北京：中国时代经济出版社, 2008.

[32] 华梅. 服饰文化全览[M]. 天津：天津古籍出版社, 2007.

[33] 高洪兴, 徐锦钧, 张强. 妇女风俗考[M]. 上海：上海文艺出版社, 1991.

[34] 王圻, 王思义. 三才图会[M]. 上海：上海古籍出版社, 1990.

[35]《中国文物精华》编辑委员会. 中国文物精华[M]. 北京：文物出版社, 1997.

[36] 邵国田. 敖汉文物精华[M]. 呼伦贝尔：内蒙古文化出版社, 2004.

[37] 刘北汜, 徐启宪. 故宫珍藏人物照片荟萃[M]. 北京：紫禁城出版社, 1995.

[38] 李当岐. 17~20世纪欧洲时装版画[M]. 哈尔滨：黑龙江美术出版社, 2000.

[39] 刘玉成. 中国人物名画鉴赏[M]. 北京：九州出版社, 2002.

[40] 中国人民政治协商会议天津市委员会文史资料委员会. 明信片中的老天津[M]. 哲
     夫. 天津：天津人民出版社, 1999.

[41] 赵杏根. 历代风俗诗选[M]. 长沙：岳麓书店, 1990.

[42] 华梅. 中国近现代服装史[M]. 北京：中国纺织出版社, 2008.

[43] 天津博物馆. 中华百年看天津[M]. 天津：天津古籍出版社, 2008.

[44] 王鹤, 王家斌. 中国雕塑史[M]. 天津：天津大学出版社, 2020.

附 录

一、亚洲特色发型

韩国传统发式

朝鲜舞经典发式

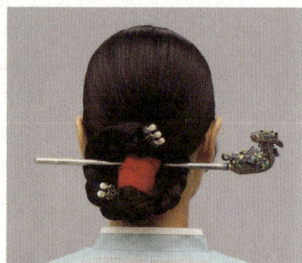

朝鲜舞经典盘发

牡丹头（源于中国唐代）

盘髻

游客去韩国后体验穿韩服

加髢

岛田髷

文金高岛田发髻

奈良时期女子发式

京都时代发型

丸髷

艺伎造型1

艺伎造型2

影视剧中的月代头

月代头

日本发髻 1

日本发髻 2

日本发髻 3

日本艺伎发型

横兵库

泰国

大成王朝，男女皆流行中分发型 1

大成王朝，男女皆流行中分发型 2

大成王朝，男女皆流行中分发型 3

大成王朝后期发型

拉玛六世时期，女生贵族发型

拉玛六世至七世，鲍伯头

盘于脑后的发髻

素可泰王朝女性留长发，头顶中间绾大髻

泰剧中的复古造型 1

泰剧中的复古造型 2

泰剧中的复古造型 3

泰剧中的复古造型 4

泰剧中的复古造型 5

印度

19 世纪的印度男性发式 1

19 世纪的印度男性发式 2

19 世纪的印度男性发式 3

20 世纪印度女性发式

20 世纪 80 年代印度女性发式

21 世纪印度女性发式 1

21 世纪印度女性发式 2

传统印度新娘发型

印度老人经典发型

印度北部骑自行车的当地公务员

印度利用火烧来理发

印度男性经典发式

二、欧洲特色发型

巴洛克时期

《伊丽莎白像》（1571年弗朗索瓦·克鲁埃）

路易十四画像

路易十四时期爱用假发1

路易十四时期爱用假发2

玛丽亚·特蕾莎（法国国王路易十四之妻）

现代人复刻路易十四时期女士发型

羊毛卷1

羊毛卷2

芳坦鸠造型

路易十六的妻子玛丽王后

玛丽王后的裁缝 Rose Bertin

蓬帕杜夫人

桃心发型

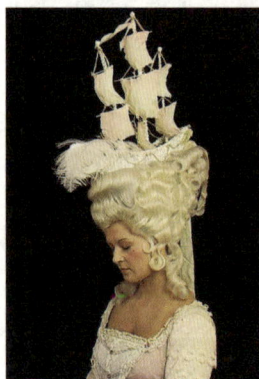

现代人模仿洛可可时期造型 1

现代人模仿洛可可时期造型 2

19 世纪欧洲贵族女性造型 1

19 世纪欧洲贵族女性造型 2

19 世纪欧洲贵族女性造型 3

19 世纪欧洲贵族女性造型 4

19 世纪欧洲贵族女性造型 5

附 录

19 世纪欧洲贵族女性造型酷爱扇子装扮

19 世纪欧洲名媛

19 世纪欧洲中期的肖像画 1

19 世纪欧洲中期的肖像画 2

维多利亚时期女子间流行将卷烫后的
头发堆叠在脸颊上

新艺术运动时期发型

文艺复兴时期

编在胸前还可以当项链

从古画中看发型

丢勒

拉斐尔《抱独角兽的女子》

《玛丽·伊莎贝拉·格兰特》（作者：弗朗西斯·格兰特）

文艺复兴时期女士盘发

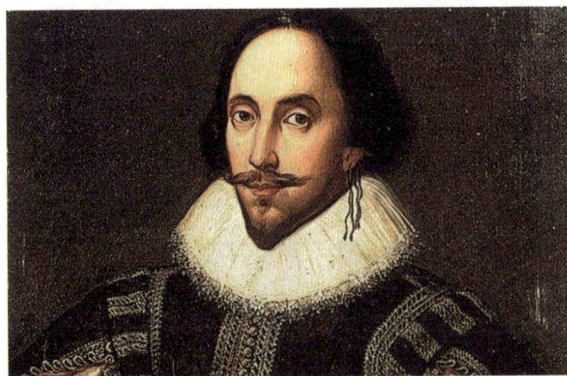
塞万提斯（1547—1616）

文艺复兴时期男士发型

文艺复兴时期意大利女士发型 1

文艺复兴时期意大利女士发型 2

现代人复刻文艺复兴时期经典发型

文艺复兴时期英国假发 1

文艺复兴时期英国假发 2

中世纪

中世纪女性发型 1

中世纪女性发型 2

中世纪女性发型 3

中世纪女性发型 4

男性偏爱长卷发

14 世纪妇女造型

圣保罗发式

其他

17~19 世纪欧洲服饰插图

法国 12~17 世纪

1920 年德国女性发型

三、美洲特色发型

巴西

巴西流行发型，无数小辫扎成一束

巴西仍流行脏辫

巴西的"板寸"

巴西街头常见的爆炸头

1930 年牛仔休闲装

游牧造型

19 世纪墨西哥女士造型 1

19 世纪墨西哥女士造型 2

其他

19 世纪末 20 世纪初美洲印第安人 1

19 世纪末 20 世纪初美洲印第安人 2

四、非洲特色发型

埃塞俄比亚女孩

埃塞俄比亚女孩现代流行发式

埃塞俄比亚盘发美女

埃塞俄比亚人民把垃圾改良成美丽的头饰

哈莫尔（Hamer）部落的女子与儿童

哈莫尔（Hamer）部落用红土做发型

哈莫尔（Hamer）部落用红土做发型的女子与儿童

赛梅部落女子发型

苏尔玛妇女

喜欢三毛发型的班纳（Banna）部落

以身体为画布的卡罗部落

南非

南非女士板寸形象

南非女士编发

南非女童编发造型 1

南非女童编发造型 2

南非女童编发造型 3

尼日利亚

Blue Beri Beri

Blue Coiling Penny Penny

Calabar Bun Trio

Golden Eggs

Pink Buns

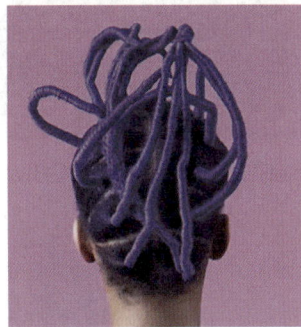

Purple Irun Kiko

附
录

Purple Kinky Calabar

凤梨发型

女士日常发型

尼日利亚男士发型 1

尼日利亚男士发型 2

尼日利亚男士发型 3

皇家家庭发型

其他

非洲儿童发型 1

非洲儿童发型 2

阿尔吉尼亚的一个犹太女孩（拍摄于 1890 年）

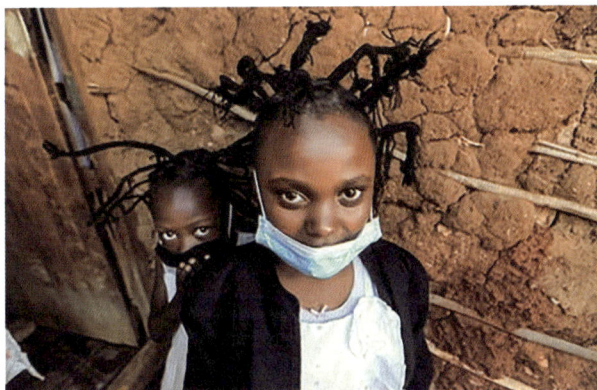
肯尼亚的病毒发型

五、大洋洲等地特色发型

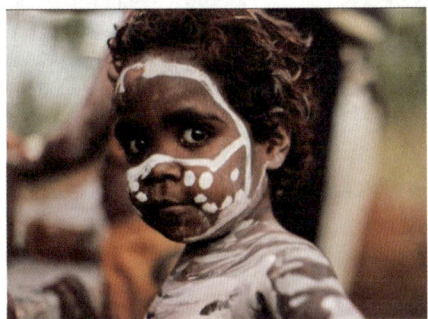
澳大利亚原住民儿童造型

澳大利亚原住民造型

巴布亚新几内亚 Huli 部落男人戴
一顶假发 1

巴布亚新几内亚 Huli 部落男人戴一顶假发 2

巴布亚新几内亚安加族的年轻人

巴布亚新内亚女性发式

巴布亚新几内亚原住民（男）

巴布亚新几内亚原住民（女）

居住在澳大利亚原始雨林内的毛利人

毛利人，新西兰的原住民 1

毛利人，新西兰的原住民 2

后 记

　　我写这本书的想法，起源于2017年底。那时广西广播电视大学熊云新校长一再邀请，希望我在南宁举办的商务部下属地区新设美发美容协会的大会上讲几句话，并参与几项揭幕活动。

　　世纪之交时，我曾应邀担任过天津市美发美容协会顾问兼指导教师，但是没有意识到美发行业有这么庞大的从业队伍。南宁的这次会议，仅美发行业参会者即达三千余人。主办方孙浩淋先生一直接待我们，因而沟通的时间多一些，我了解到孙先生正在广东开放大学授课，讲的即是服装和美发。我当时问他，有美发教材吗？他说有，主要是造型与技术。我又问："有史论的吗？"他说没有。我记得当时几位友人正在宾馆聊天，我随手从拉杆箱中取出笔和稿纸，一边建议他率先组织人写一部发型史，一边即按照我写了四十多年艺术史的体例，写出一份发型史目录。

　　因为，我知道很多高校的本科专业中，有"服装表演与形象设计"，而高职院校中则直接就是美发美容专业，这些专业的教材中确实没有发型史。我虽然从事了这么多年的服饰文化史论教学与研究，但是真正零距离接触发型史，还是有些生疏。正因如此，我希望有人能够组织一个团队来搜集发型资料，毕竟这些资料太多又太零散了。

　　后来，我再没有听到孙浩淋先生开始写发型史的信息，可是我却萌生了自己动手的念头。

　　2020年，一场突如其来的疫情影响了人们的生活。可是，我的写作依然在继续。当我6月份交上《服装美学》修订稿后，毅然决然地下定决心。10月6日，我开始一字一字地写起《中国发型史＋》。段宗秀是我所带的86个硕士研究生的最后一位，毕业于2019年6月。因为段宗秀十分优秀，并已参与我多部著作的完成，因此这次特别想与段宗秀合作，以一本书的形式记住这三年高校师生情谊，并延续我们的忘年之交。

2021年8月4日，完成第一遍稿，同年10月1日，修改完成第二遍文字稿。2022年2月9日，文字基本定稿，开始按计划找图。2022年4月30日，三遍稿增添完毕，这一遍是根据所找图像资料又加以增删的。从2022年8月14日起，在天津是我儿子王鹤帮我扫描、串图；在青岛，是段宗秀找了两大部分的图像，如果没有合适的图，就只能由我先生王家斌手绘了。好在我们全家都从事艺术教育，先生在天津美术学院任教三十余年，王鹤又正在天津大学讲授公共艺术和装置，儿媳也在天津师范大学任教，只有小孙子、孙女还不知将来学什么专业。段宗秀的先生也从事艺术设计，所以我们合力为完成发型史这部书贡献自己一份力量，终于在国庆节当日，全部完成配图700余幅。10月2日又补图，改图注。10月9日，将电子版发给中国纺织出版社。当然，这不算完，直至10月底，换图工作还在进行着……

说心里话，写这本书有些生疏。在此之前，还没有一部较为完整的中国发型史出版。有一些考证资料都比较零散。即使有较为系统的辞书，各家说法也颇不相同。这也难怪，服装还有正式史书中的式样附名称，如明代的《三才图会》，况且历代文人对古画中的着装有着比较多的描述，发型却不行。例如，《说文解字》《中华古今注》等书中也有发型名称，但我们今人很难确定哪个名字说的是哪种发型，越查书越多，说法越多，难免产生歧义。我后来觉得也是实在不能追求完美了，先把中国发型史的脉络梳理出来，还是有助于别人再深入研究的。

本书除了粗略梳理中国发型史的演变轨迹以外，另附五大洲的特色发型，我实在不敢再去描述那些奇奇怪怪的发型了，选出图像来，就算是我们了解人类发型史的一种辅助罢了。毕竟，发型是文化产物，它不可能悬浮于社会之上。所以，把各大洲的发型图像一起摆出来，绝对是有利于我们学习和整合思考的。

万事不言难，我只是在这里回顾一下我们写这本书的初衷。但愿在发型史的演化研究中，会有一些对此感兴趣的青年人积极从事，逐步深入，认真探讨。这些青年中肯定首先是聪明、肯干、责任心又很强的段宗秀。我虽然生理年龄已逾七十，可是这本发型史书却是新芽，期待着有更多的人去呵护和培育！

华梅

2022年11月22日于天津